纳米粒子和 PVA 纤维增强水泥基复合材料流变特性与高温后力学性能研究

张 鹏 著

黄河水利出版社

· 郑 州 ·

内 容 提 要

本书对纳米粒子和PVA纤维增强水泥基复合材料的配合比设计进行了详细的阐述,系统地研究了纳米 SiO_2 和PVA纤维增强水泥基复合材料的拌和物工作性、流变特性以及高温后抗压强度、抗拉强度、抗折强度等力学性能,详细分析了温度、PVA纤维掺量、纳米 SiO_2 掺量及冷却方式对水泥基复合材料工作性、流变特性以及高温后力学性能影响的作用机制及规律。

本书可供从事土木、水利及交通运输工程的研究人员及工程技术人员参考,也可作为有关专业研究生的学习参考书。

图书在版编目(CIP)数据

纳米粒子和PVA纤维增强水泥基复合材料流变特性与高温后力学性能研究/张鹏著. —郑州:黄河水利出版社,2023.4
ISBN 978-7-5509-3551-8

Ⅰ.①纳… Ⅱ.①张… Ⅲ.①纳米技术-应用-纤维增强水泥-水泥基复合材料-流变性质-研究②纳米技术-应用-纤维增强水泥-水泥基复合材料-力学性能-研究Ⅳ.①TB333.2

中国国家版本馆 CIP 数据核字(2023)第 063824 号

出 版 社:黄河水利出版社　　　　　　　　网址:www.yrcp.com
　　　地址:河南省郑州市顺河路黄委会综合楼 14 层　邮政编码:450003
发行单位:黄河水利出版社
　　　发行部电话:0371-66026940、66020550、66028024、66022620(传真)
　　　E-mail:hhslcbs@ 126. com
承印单位:河南新华印刷集团有限公司
开本:890 mm×1 240 mm　1/32
印张:6.25
字数:160 千字
版次:2023 年 4 月第 1 版　　　　印次:2023 年 4 月第 1 次印刷
定价:39.00 元

前　言

随着社会的不断进步,建筑结构形式朝着超高、大跨、复杂化的方向发展,对水泥基材料的性能提出了更高的要求。传统水泥基材料因脆性大、抗冲击能力和抗变形能力差及耐久性不足等问题,难以适应当前的建筑结构和工程环境。因此,大量的建筑新材料逐渐被开发应用,诸多学者研究发现,纤维掺入水泥基材料中能有效提高抗拉、抗裂和抗冲击等性能,掺加不同类型的短纤维可有效克服传统水泥基材料的脆性和抗裂能力差的问题。在众多纤维中,PVA(聚乙烯醇)纤维的分散性好,能均匀分布在水泥基材料中,具有高抗拉强度和高弹性模量,并与胶凝材料有较好的黏结性能,无毒、亲水性好。此外,PVA 纤维有较好的耐酸碱性,可保证水泥基不易被侵蚀。相关研究结果显示,PVA 纤维在基体中起到"桥接"作用,能有效抑制裂缝的扩展,从而改善基体抗裂性能,还可以在一定程度上改善水泥基材料抗变形能力并提升水泥基材料的抗弯拉强度和抗弯韧性,使水泥基材料的破坏形式由脆性破坏转变为延性破坏。因此,采用 PVA 纤维对传统水泥基材料进行增韧会有较好的效果。

此外,纳米粒子是指粒径介于 1~100 nm 的粒子,具备一系列"纳米效应",目前已在诸多领域展现出了广阔的应用前景,成为当今材料学领域研究的热点,被科学家们誉为"21 世纪最有前途的材料"。当前,有多种纳米材料可用于提升水泥基复合材料的力学性能和耐久性,如纳米 SiO_2、纳米 Al_2O_3、纳米 TiO_2 和纳米黏土等,其中纳米 SiO_2 是应用最广泛的纳米材料。相关研究结果表明,纳米粒子掺入水泥基材料后,不仅可以促进水泥水化,还可改善水泥浆体的微观结构及水泥浆体与集料的界面结构和性能,从而提高了水泥基材料的早期强度和抗渗性、抗冻性、抗硫酸盐侵蚀等耐久性能。近年来,随着纳米材料制造成本的降低,纳米 SiO_2 凭借其成熟的生产工艺及对水泥基材料良好的改性效果,已在各种结构工程中展现了广阔的发展前景。

近年来,泵送水泥基复合材料的广泛应用对水泥基复合材料的流变性能提出了更高的要求。水泥基复合材料的流变性能影响浇铸和成型的过程,不合适的稠度和工作性可能导致新拌水泥基复合材料出现离析泌水等问题,从长远来看更会影响硬化水泥基复合材料的强度和耐久性。掺加纳米粒子和纤维材料能够有效改善水泥基复合材料的性能,同时对新拌水泥基复合材料流变性能也有较大的影响。此外,随着时代与经济的飞速发展,城市人口日益密集,越来越多的高层建筑拔地而起,建筑火灾发生的次数也逐渐增多,在引发火灾的各种因素中,有约 80% 的火灾来源于建筑火灾,造成了严重损失,因此建筑结构的火灾问题日益突出。水泥基复合材料随着高温长时间作用后,内部将发生各种物理化学反应,导致强度显著下降、内部结构损伤,从而造成结构承载力不足,进而发生建筑物坍塌。此外,尽管水泥基复合材料的耐火性较好,但当火灾高温作用时间足够长时会引起热物理变化,对于水泥基复合材料这样一种内部结构较密实且渗透性较低的材料来说,经高温作用后内部孔隙中的蒸汽压力明显增加,会导致普通水泥基复合材料出现严重的热裂缝甚至发生高温爆裂。

由此可见,在普通水泥基材料中同时掺加纳米 SiO_2 和 PVA 纤维可配制出既具有良好力学性能,又具有较高耐久性和韧性的水泥基复合材料。随着纳米粒子增强水泥基复合材料和纤维增强水泥基复合材料研究的深入及纳米材料制造成本的降低,纳米 SiO_2 和 PVA 纤维增强水泥基复合材料将是未来结构工程中应用潜力极大的一种新型水泥基复合材料。目前,国内外针对纳米

SiO₂ 和 PVA 纤维增强水泥基复合材料进行了大量的研究工作,而对纳米 SiO₂ 和 PVA 纤维增强水泥基复合材料流变特性和高温后力学性能研究资料国内外报道较少。为了弥补当前研究的不足,本书在大量试验成果的基础上,较为深入地研究了纳米 SiO₂ 和 PVA 纤维增强水泥基复合材料拌和物工作性、流变特性及高温后抗压强度、抗拉强度、抗折强度等力学性能,详细分析了温度、PVA 纤维掺量、纳米 SiO₂ 掺量及冷却方式对水泥基复合材料工作性、流变特性及高温后力学性能影响的作用机制及规律,以期为该新型水泥基复合材料在我国土木、水利及交通运输工程中的推广应用提供参考。

本书共分 9 章,主要内容包括:分析了纳米 SiO₂ 和 PVA 纤维增强水泥基复合材料的配制原理,探讨了纳米 SiO₂ 和 PVA 纤维增强水泥基复合材料的配合比设计方法;通过流变性能试验揭示了纳米 SiO₂ 和 PVA 纤维对水泥基复合材料流变特性的影响机制,得出了 PVA 纤维和纳米 SiO₂ 掺量对水泥基复合材料静态屈服应力、动态屈服应力、塑性黏度、润滑层屈服应力和润滑层黏度等流变参数的影响规律;通过坍落扩展度试验、泌水率试验和稠度仪试验揭示了纳米 SiO₂、PVA 纤维和聚羧酸减水剂对水泥基复合材料拌和物流动性、泌水率、稠度和触变性的影响,并揭示了相应的影响机制;通过高温后立方体抗压强度试验、劈裂抗拉强度试验、轴心抗压强度试验和抗折强度试验揭示了温度、PVA 纤维掺量、纳米 SiO₂ 掺量及冷却方式对 PVA 纤维和纳米 SiO₂ 增强水泥基复合材料的常温及高温后力学性能的影响,得出了纳米 SiO₂ 和 PVA 纤维对水泥基复合材料高温后力学性能参数影响的规律。

本书研究的相关试验得到了河南省工程材料与水工结构重点实验室等单位的大力支持和帮助,本书在研究和撰写过程中还得到了国家自然科学基金、河南省高校科技创新团队支持计划、河南省杰出青年基金等资金支持,许多同志参与了本书的试验和研究工作。另外,本书撰写过程中还引用了大量的文献资料。在此,谨向为本书的完成提供支持和帮助的单位、参考文献的原作者、各种基金资助及所有试验人员表示衷心感谢!

　　由于作者水平有限,本书尚有不妥之处,敬请各界读者朋友批评指正。

作　者

2023 年 1 月于郑州

目　录

第1章 绪 论

1.1 研究的背景及意义

19世纪以来,以水泥作为主要胶结剂的复合材料因取材方便、易成型、施工便利、制备工艺简单、价格低廉及力学性能好等优点成为当今世界用量最大、用途最广的建筑材料。改革开放以来,以混凝土为主的水泥基材料在我国基础设施建设中发挥着重要作用,被广泛应用在三峡大坝、南水北调等大型工程中。有数据记载,我国2010年水泥年产量约18亿t;2014年水泥年产量已达24亿t,占世界总产量的60%左右。因此,在未来相当长的时间里,水泥基复合材料仍将是最主要的土木工程材料。

然而,随着时代与经济的飞速发展,城市人口日益密集,越来越多的高层建筑拔地而起,建筑火灾发生的次数也逐渐增多。在引发火灾的各种因素中,有约80%的火灾来源于建筑火灾,造成了严重损失,因此建筑结构的火灾问题日益突出。水泥基材料随着高温长时间作用后,内部将发生各种物理化学反应,导致强度显著下降、内部结构损伤,从而造成结构承载力不足,进而发生建筑物坍塌。此外,尽管水泥基材料的耐火性较好,但当火灾高温作用时间足够长时会引起材料的热物理变化,对于水泥基复合材料这样一种内部结构较密实且渗透性较低的材料来说,经高温作用后内部孔隙中的蒸汽压力明显增加,会导致普通水泥基材料出现严重的热裂缝甚至发生高温爆裂。因此,研究水泥基材料的高温性能具有重要的意义。

从 20 世纪 90 年代开始,国内外学者已开展了一系列关于将纳米 SiO_2 颗粒掺入水泥基材料中的研究。相关研究结果表明,纳米 SiO_2 颗粒掺入水泥基材料后可以改善水泥浆体的微观结构及水泥浆体与集料的界面结构和性能,提高了水泥基材料的早期强度和耐久性能,同时也能提升水泥基材料高温后的残余力学性能,但并不能防止高温爆裂的发生。纤维增强水泥基复合材料(Fiber Reinforced Cementitious Composites,简称 FRCC)是以硬化的水泥浆体为基体,掺加乱向分布于基体中非连续的短纤维或连续的长纤维作为增强材料而组成的一种复合材料。相关研究结果显示,FRCC 中的聚乙烯醇纤维(PVA)高温后会熔断,给水蒸气的释放提供通道,有效抑制高温炸裂。因此,向水泥基材料中掺加 PVA 纤维是提高水泥基材料高温后力学性能和防止高温爆裂的有效手段。

除了基体凝结硬化后的使用性能,如力学性能、耐高温性等,水泥基复合材料另一个重要的性能是流变性。水泥基复合材料的流变行为影响其工作性能,前期水泥基复合材料具有良好的工作性才能保障后期优良的力学性能和耐久性能。所以,水泥基复合材料的流变性能不仅影响水泥基复合材料的工作性,即浇筑时的难易程度,更影响均质性。因此,研究纳米和纤维增强水泥基复合材料的流变特性对指导工作性能有着重要的意义,还对水泥基复合材料的性能设计提供理论支持。

由此可见,在水泥基复合材料中同时掺加 PVA 纤维和纳米 SiO_2 可望配制出既具有良好力学性能,又具有较好耐高温性的水泥基复合材料。因此,本书拟通过开展新拌水泥基复合材料的流变试验、坍落扩展度试验、泌水率试验、稠度仪试验以及纤维纳米增强水泥基复合材料高温作用后的立方体抗压强度试验、劈裂抗拉强度试验、轴心抗压强度试验和抗折强度试验,以此探明纳米 SiO_2 掺量、PVA 纤维掺量和聚羧酸减水剂掺量等因素对新拌水泥基复合材料流变的影响,研究不同 PVA 纤维掺量和纳米 SiO_2 掺量作用下的增韧机制及在不同温度高温后的损伤破坏机制。本书试验预期成果对丰富和发展纤维纳米增强水泥基材料基本理论和研究成果,推动纤维和纳米粒子增强水泥基复合材料在工程中的应用具有重要意义。

1.2　国内外研究现状

1.2.1　纳米材料增强水泥基复合材料流变特性研究

纳米的定义是 20 世纪 80 年代初出现的,可以将纳米材料定义为粒径在 1～100 nm 的颗粒。纳米材料具有较高的比表面积(SSA),这使其在水化过程中有更充分的化学反应,也相应地增加了对复合材料中水的需求。相关研究表明,胶凝材料中的纳米粒子可以充当填充剂颗粒,使微观结构致密化,从而降低水泥基复合材料硬化后的孔隙率。通常,纳米材料会通过减少复合材料中可用的游离水来降低流动性,从而对工作性产生负面影响。纳米 SiO_2 是应用较早的纳米材料之一,国内外专家学者通过将纳米 SiO_2 加入水泥基体中制备出纳米粒子增强水泥基复合材料,研究了纳米 SiO_2 对水泥基复合材料各种性质的影响规律和改善机制。

纳米粒子增强水泥基复合材料最初研究可追溯到 Colston 等的工作,通过轮廓测量、微电子扫描、X 射线荧光分析及显微硬度和同步辐射研究了含沸石和无机纳米粒子增强水泥基复合材料的微观结构性能,结果表明,纳米粒子能够显著改善水泥基复合材料的微观结构。

Senff 等的研究结果表明,水泥基材料中掺入纳米粒子后,水化过程显著增加,混合 9 h 后凝结时间减少,C-S-H 凝胶形成减少。据解释,在水泥混合物中添加具有高 SSA 的纳米粒子后,为保持所需的工作性,增加了对水的需求。混合体系中颗粒之间的摩擦和纳米 SiO_2 的致密堆积是屈服应力和黏度增加的原因。后来,Senff 等运用因子设计方法以及使用流变仪测试来研究纳米 SiO_2 和纳米 TiO_2 对水泥砂浆流动性的综合影响。他们提出了两种纳米材料与超级增塑剂比例的最有效组合,以实现具有较好抗压强度下同时具有良好流变性能。另外, Pourjavadi 等研究发现,通过选择合适剂量的外加剂来减少纳米 SiO_2 对水泥基复合材料流动性的负面影响。Safi 也得出相同的结果,他们研究了在高效减水剂的溶液中使用粉末形式的纳米 SiO_2 和悬浮形式的纳米 SiO_2 对水泥基材料流变性的影响。结果表明,悬浮形式的纳米 SiO_2 在流变学参数方面提供了最合适的结果。Wang 等采用超声波技术使纳米材料悬浮在蒸馏水中,并观察到通过掺入纳米 SiO_2 后,水泥基复合材料黏度逐渐增加,屈服应力值显著增加。

Leonavičius 等研究了不同掺量的碳纳米管(CNT)对水溶液和新拌水泥基复合材料的 pH 值、电导率和流变性能的影响。研究结果表明,随着 CNT 掺量的增加,水溶液的电导率逐渐增加而 pH 值逐渐减小,新拌水泥基复合材料降低了基体的电导率,阻碍了粒子渗透到溶液中,降低 pH 值和黏度,较低的 pH 值会显著阻碍硅酸盐的溶解,反映在新拌水泥基复合材料的初凝时间和终凝时间延长 2 倍以上。

Vivian 等研究采用纳米 SiO_2 材料来改善硅酸盐水泥性能,最终改善材料的流变特性,提高基体材料强度并延长其使用寿命。结果表明,将 0.25% 质量掺量的纳米 SiO_2 与硅酸盐水泥一起使用效果最佳。

在水泥基复合材料中掺加纳米材料可加快水化速率,显著影响流变性能和触变性。Jiang 等通过试验研究了不同纳米掺和料对新拌水泥基复合材料流变性能的影响,研究结果表明,0.5% 纤维掺量时材料的屈服应力是相同掺量的纳米 SiO_2 的 3~4 倍,这表明纤维填料的屈服应力比纳米颗粒填料的屈服应力高得多。随着纳米粒子掺量的增加,纳米 SiO_2 和纳米 TiO_2 新拌水泥基复合材料的塑料黏度呈下降趋势。

纳米材料由于尺寸特殊,具备独特的"纳米效应",水泥基复合材料通过纳米粒子改性提高了早期强度和优异的耐久性,但工作性有一定降低,需要协调二者之间的关系,在具备优异的力学强度的同时,具有良好的工作性。因此,研究纳米增强水泥基复合材料的工作性具有重要意义。

1.2.2 纳米材料增强水泥基复合材料高温后性能研究

目前,针对纳米材料改性水泥基材料常温下物理特性、力学性能及微观等方面的研究已成为众多研究者关注的热门,但对掺加纳米材料增强水泥基材料的耐高温性能研究还比较罕见。近年来,国内外学者对纳米材料改性水泥基材料耐高温性能进行了一些研究,主要集中在高温前后的力学性能方面,对高温后的微观损伤机制方面还需做大量的更加深入的研究。

付晔等探究了一种节能、环保的高性能纳米改性水泥基复合材料(HPNCC)在常温下和经历不同高温(200 ℃、400 ℃、600 ℃、800 ℃)时抗压强度的变化,并观察了 HPNCC 在高温后的质量和颜色变化。结果发现,HPNCC 在经受 200 ℃、400 ℃高温后,其抗压强度较常温下的性能有不同程度的提高,600 ℃高温后 HPNCC 的抗压强度才开始略有下降,800 ℃高温后 HPNCC 的抗压强度明显下降,残余抗压强度只有常温下的 35% 左右,表面裂纹增多,基体材料劣化严重,但与普通水泥基材料试件相比,形态更完整,裂缝更少。因此,HPNCC 比未掺纳米材料的材料表现出良好的耐高温性。徐松杰基于徐世烺教授团队研制的超高韧性水泥基复合材料(UHTCC),采用纳米气凝胶复合材料对其进行改性,相比于

UHTCC,利用纳米气凝胶改性后的 UHTCC 在力学强度上有所降低,然而在高温作用后纳米气凝胶会发生瓷化,基体内部产生像纤维一样的丝状物,从而抑制材料内部裂缝的产生与发展,使得材料高温后抗折强度有所提高。改性后的 UHTCC 导热系数低于 UHTCC,说明纳米材料改善了材料的保温性能。燕兰等探索了普通混凝土(NC)、钢纤维混凝土(SFRC)和掺加纳米 SiO_2 的钢纤维混凝土(NSFC)在 200 ℃、400 ℃、600 ℃、800 ℃高温下的抗压强度、抗折强度及劈裂抗拉强度,并利用 SEM 观察了微观结构。结果表明,在 4 种高温后 NSFC 的抗压强度、劈裂抗拉强度和抗折强度均比 SFRC 和 NC 要高,且呈现先增大后减小的趋势,在 400 ℃时达到最大值。400 ℃高温后 NSFC 的抗压强度、劈裂抗拉强度和抗折强度较 NC 分别提高 35.09%、84.62%和 87.23%。通过 SEM 观察到钢纤维与过渡区的界面处致密度提高。由于固相反应,在界面区产生了复杂水化硅酸钙,增强了基体的黏结力,改善了混凝土的高温力学性能。

Lim 通过 500 ℃高温后发现,掺加纳米 SiO_2 的水泥浆体与掺硅灰的相比强度损失要少,具有较好的热稳定性。Ibrahim 等研究了掺加纳米 SiO_2 和高粉煤灰含量的水泥基材料在 400 ℃、700 ℃高温后的残余力学性能。结果表明,这种水泥基材料表现出更好的常温力学性能和高温后力学性能。Bastami 等的研究表明,掺加纳米 SiO_2 不能防止混凝土在 400 ℃、600 ℃及 800 ℃高温后发生炸裂现象,但炸裂时的温度由未掺纳米 SiO_2 时的 300 ℃提高到 400 ℃,同时纳米 SiO_2 的确改善了混凝土高温后的抗压强度、抗拉强度并有效减少了质量损失。Farzadnia 等用纳米氧化铝分别替代 1%、2%、3%水泥的砂浆试件进行 100 ℃、200 ℃、300 ℃、400 ℃、600 ℃、800 ℃、1 000 ℃高温 1 h 后研究其力学性能。研究结果表明,用纳米氧化铝改性水泥砂浆表现出良好的抗压强度和高温后残余力学性能。Nadeem 等还研究了掺加纳米偏高岭土改性水泥砂浆高温后抗压强度及抗氯离子渗透性的影响。结果表明，所有试件随温度升高抗压强度降低，高于 400 ℃后，力学性能及耐久性下降明显，说明 400 ℃是控制温度的一个关键点。观察微观结构显示孔隙率随温度升高而增加，掺加纳米偏高岭土的水泥砂浆渗透性在温度 400 ℃时也会显著增加。

1.2.3 PVA 纤维增强水泥基复合材料流变特性研究

纤维增强水泥基复合材料（Fiber Reinforced Cementitious Composites，FRCC）是以水泥和水发生水化，硬化后形成的硬化水泥浆体作为基体，以不连续的短纤维或连续的长纤维，复合而成的材料。目前，金属纤维、聚合物纤维和天然纤维等已在工程中得到应用。

PVA 纤维有亲水性，与胶凝材料有较好的黏结性，相比于其他疏水性纤维，会更大地降低水泥基复合材料的流动速度。1997 年，Li 和 Kanda 教授使用聚乙烯醇（Polyvinyl Alcohol，PVA）纤维代替聚乙烯纤维，制备出了聚乙烯醇纤维增强水泥基复合材料（ECC）。张鹏等研究结果表明，随着 PVA 纤维体积掺量的增大，新拌水泥基复合材料的工作性逐渐降低。Lin 等得出类似的研究结果，把体积分数为 2.0% 的 PVA 纤维掺入水泥混合料中，会导致坍落扩展度显著降低 23%~30%。

Yun 等的研究表明，不同体积掺量的 PVA 纤维在水泥基复合材料中表现出复杂的流变性能，当 PVA 纤维的体积分数从 1% 增加到 2% 时，会使屈服应力从 12.6 kPa 增加到 67.1 kPa，并且剪切应力随着纤维掺量和泵送速度的增加而显著增加。水泥基复合材料的工作性好坏、裂缝宽度大小和干燥收缩及优良的力学性能等，会受到 PVA 纤维是否在机体中均匀分散的影响。

Yeon 等开发了一种新的评估方法，使用荧光技术结合图像处理分析新拌水泥基复合材料，评估 PVA 纤维在 ECC 基质中的分

散性。Li 等研究发现,新拌水泥基材料中纤维的离散系数与 ECC
的拉伸应变能力之间具有很强的正相关性。水泥基复合材料优异
的力学性能与流变性息息相关,流变性能的好坏决定水泥基材料
后期的力学性能。

Wen 等通过研究性能参数与纤维因子(FF)之间的关系,提出
了两种特殊的纤维系数($F_c = 100$ 和 $F_d = 400$)来评估 PVA 纤维增
强水泥基复合材料的性能。研究结果表明,新拌水泥基复合材料
的屈服应力和塑性黏度随着纤维因子值的增加而增加。当 $0 \leqslant$
FF$\leqslant F_c = 100$ 时,纤维对新拌水泥基复合材料无明显作用,流变性
能接近于未掺纤维组。当 $100 \leqslant$ FF$\leqslant F_d = 400$ 时,新拌水泥基复合
材料的流变性能得到适度改善,PVA 纤维均匀地分布在混合体系
中。当 FF$\geqslant F_d = 400$ 时,新拌水泥基复合材料的流变性能急剧
恶化。

PP 纤维化学稳定性好、质轻,有较高的抗拉强度和很好的疏
水性,但劣势也相对明显,弹性模量低和熔点低。PP 纤维掺加到
水泥基复合材料拌和物中会增加黏度并大大降低基体的工作性。
Yap 等研究发现,新拌水泥基复合材料的工作性取决于纤维的几
何形状。PP 纤维的添加使混合料具有良好的工作性,因其比表面
积比复丝纤维低,流动性降低时的纤维体积掺量由 0.3% 提高到
1.3%。Mazzoli 等研究发现,PP 长纤维的长径比对新拌水泥基材
料的工作性降低具有比其形状更显著的影响。Saje 等发现新拌水
泥基复合材料的流动性与是否预先湿润 PP 纤维并无影响。
Mazaheripour 等研究表明,轻质混凝土中掺加 PP 纤维,会大大降
低坍落度,在 PP 纤维掺量为 0.3% 时,混凝土流动性降低最为显
著,降低了 40%。张鹏等研究了掺加粉煤灰和 PP 纤维的新拌水
泥基复合材料的工作性,结果表明,随着 PP 纤维体积掺量的增
加,新拌混合料的流动性直线降低。

万新等通过坍落扩展度试验、V 形漏斗试验等,改变 PP 纤

掺量和 PP 纤维长度,对水泥基复合材料的工作性能进行了系统研究。结果表明,PP 纤维掺量从 0 提高至 0.15% 会降低新拌水泥基材料的和易性、间隙通过性和流动性,但可以提高抗离析稳定性。另外,PP 纤维长度的增加同样会降低水泥基材料的和易性、间隙通过性和流动性,提高抗离析稳定性。

由于 PP 纤维和 PE 纤维均具有疏水性,因此它们对水泥基复合材料物理性能的影响也相似。Said 等的研究发现,当 PE 纤维掺量或增强指数增加时,会导致混合过程中纤维难以在基体中分散,坍落度和抗压强度呈线性降低。Pesic 等同样发现将 PE 纤维掺入水泥基材料中会降低坍落度,并发现具有更大体积掺量的 PE 纤维增强水泥基复合材料的坍落度降低更多。当 PE 纤维掺量或长径比增加时,新拌基质会出现纤维分散不均或难以分散的问题,进而导致基体中纤维的均质性降低,工作性下降。Kamsuwan 等研究了掺有不同直径和体积分数的 PE 纤维的水泥砂浆的工作性,发现随着纤维体积分数从 0.5% 增加到 1.5%,水泥复合材料的工作性急剧下降。

水泥基复合材料通过纤维改性固然能带来强度和耐久性等方面的优异性,但工作性的降低也不可忽视,研究纤维增强水泥基复合材料的流变性能,可以更好地发挥纤维在基体中的作用。

1.2.4　PVA 纤维增强水泥基复合材料高温后性能研究

PVA-FRCC 作为一种新型的土木工程材料,其在火灾下的耐火性能是亟需研究的课题。近几年来国内外的研究学者对其高温后的性能进行了初步的研究,取得了一些成果。

田露丹等通过试验对高延性的 PVA-FRCC 高温后力学性能进行了研究,主要观察了高温对其抗压强度、抗折强度及质量损失率的影响,并通过 SEM 探究损伤机制。研究结果显示,高温对 ECC 的力学强度的影响程度要远大于对质量损失率的影响,抗折强度在 200 ℃时下降明显,这时 PVA 纤维将发生熔融并挥发,且纤维挥发产生的孔洞直径会在 400~600 ℃时进一步加剧,导致抗压强度大幅降低;800 ℃后其残余抗折强度、抗压强度分别为常温下的 17. 3%、37%,PVA 纤维熔融产生的大量孔隙避免了 ECC 试块在高温下发生爆裂。白文琦等通过对 30 组共 90 个试块进行高温后的立方体抗压强度、抗折强度、弹性模量、轴心抗压强度以及棱柱体单轴抗压应力-应变全曲线的测试,研究了 PVA-ECC 高温后的力学性能,结果表明,当加热温度低于 200 ℃时,PVA 纤维对基体抗折强度有一定提高,对抗压强度影响不大,温度高于 200 ℃时,抗折强度开始逐步下降,温度超过 300 ℃时,抗压强度损失明显。王巍运用了光纤光栅传感器法、差示热膨胀法及应变片法研究了 UHTCC 的热膨胀性能和导热性能,比较 UHTCC 和混凝土在 25~70 ℃的热膨胀系数,结果显示,UHTCC 的热膨胀系数小于混凝土。李黎通过引入碳酸钙晶须(CW)构建了钢纤维-PVA 纤维-CW 多尺度纤维增强水泥基复合材料(MSFRC),重点研究了 MSFRC 高温后的力学性能及微观结构。结果显示,水泥砂浆的抗压强度、抗弯强度及劈裂抗拉强度随温度升高大体呈先增大后减小的变化趋势,均在 400 ℃高温后达到最大值。CW 在 600 ℃时对力学强度都能够起作用。

2010 年,Sahmaran 等测试了 UHTCC 的试件 200 ℃、400 ℃、600 ℃和 800 ℃高温作用 1 h 后的残余抗压强度、质量损失即微观结构的变化。对比试验结果发现,UHTCC 试件在 200 ℃高温后微观结构基本无变化,抗压强度下降不明显,约为 15%。在经历 400 ℃高温后,纤维熔断留下更多的孔隙和通道,试件表面出现细小微裂纹。而 600 ℃高温后,试件出现明显的裂缝,抗压强度下降明显,约为常温下的 53%。经历 800 ℃高温后的残余抗压强度仅为常温下的 34%,这时的孔径明显增大。2011 年,他们通过对两种不同 PVA 纤维掺量和粉煤灰掺量的 UHTCC 进行耐高温性能试验后发现,试块在整个高温过程中并没有发生爆裂现象,这也就验证了 PVA 纤维在 230 ℃高温后会熔断,形成了有利于内部水蒸气溢出的孔洞,释放内部压力而防止试块炸裂的想法。同时还发现,高掺量的粉煤灰有助于提高 UHTCC 的残余抗压强度,提升耐高温性能。

2014 年,Yu 等的研究结果显示,PVA 纤维在 PVA-ECC 高温过程中避免了炸裂。同时,由于水泥颗粒发生二次水化,使 200 ℃高温后残余抗压强度还有所上升,400 ℃后 PVA 纤维已熔断形成孔洞,残余抗压强度降低但下降幅度并不大,然而经过 600 ℃和800 ℃高温后,残余抗压强度下降明显,较未加热处理的分别下降57%、34%。

Sanchayan 等研究了混杂钢纤维-PVA 纤维的活性粉末混凝土(RPC)在最高温度为 700 ℃时的残余抗压强度和弹性模量。结果表明,300 ℃时强度开始增加,这之后急剧下降,弹性模量一直到高温 300 ℃也没有明显的变化,之后会急剧下降。而未掺纤维的 RPC 具有较致密的微观结构,高温下表现不佳的原因是孔隙压力导致的炸裂剥落。Heo 等为研究不同纤维长度、纤维直径、纤维类型及纤维掺量对火灾中混凝土抗剥落程度的影响,采用了聚丙烯、聚乙烯醇、纤维素和尼龙四种不同长度和直径且体积掺量为0.05%~0.15%的纤维进行防火试验。结果表明,在相同体积掺量下,尼龙对混凝土抗剥落效果最好,这是因为尼龙直径小于其他纤维。

通过以上研究成果可以看出,目前针对 PVA-FRCC 高温后性能的研究较少,且主要是对残余抗压强度的影响。

1.3　本书研究内容

相较于普通水泥基材料,单一地在混凝土中掺加 PVA 纤维或者纳米材料都可以得到优于普通水泥基材料的水泥基复合材料。
因而,在混凝土中同时掺加 PVA 纤维和纳米 SiO_2 会对水泥基材
料的各种力学性能和耐高温性能有更高的增强作用。国内外学者
对 PVA 纤维增强水泥基复合材料和纳米 SiO_2 水泥基材料的相关
性能都做了大量的研究,但是对于同时掺入两种改性材料对水泥
基材料的工作性能和耐高温性能目前缺乏系统的研究。基于此,
本书以纳米 SiO_2、PVA 纤维、粉煤灰、石英砂、水泥、高效减水剂和
水为原材料配制纳米 SiO_2 和 PVA 纤维增强水泥基复合材料,并
通过试验探究 PVA 纤维掺量、纳米 SiO_2 掺量等因素对水泥基材
料基本工作性能、力学性能和耐高温性能的影响,主要研究内容
包括:

(1)通过开展新拌水泥基复合材料流变试验和润滑层流变试
验,分析了纳米 SiO_2、PVA 纤维和聚羧酸减水剂对水泥基复合材
料静态屈服应力、动态屈服应力、塑性黏度和润滑层黏度的影响,
并得出了相应的影响规律,揭示了纳米 SiO_2 和 PVA 纤维对新拌
水泥基复合材料流变性能的影响机制。

(2)通过开展坍落扩展度试验、泌水率试验和稠度仪试验,测
得了新拌水泥基复合材料的坍落扩展度、泌水率和锥入度。分析
了纳米 SiO_2、PVA 纤维和聚羧酸减水剂对新拌水泥基复合材料工
作性的影响,并得出了相应的影响规律,揭示了纳米 SiO_2 和 PVA
纤维对水泥基复合材料工作性能的影响机制。

(3)通过开展立方体抗压强度试验,测得了水泥基复合材料
立方体的抗压强度。分析了纳米 SiO_2、PVA 纤维和聚羧酸减水剂
对水泥基复合材料立方体抗压强度的影响,并得出了相应的影响
规律,揭示了纳米 SiO_2、PVA 纤维和聚羧酸减水剂对水泥基复合
材料抗压强度的影响机制。

(4)纳米 SiO_2 和 PVA 纤维增强水泥基复合材料高温试验研
究。通过高温加热试验,测得了 PVA 纤维和纳米 SiO_2 增强水泥

基复合材料经受不同温度高温作用后的质量损失并观察了试件的表观特征变化,分析了经受高温作用后 PVA 纤维和纳米 SiO_2 增强水泥基复合材料的质量损失和外观形貌与温度的关系,并得出了相应的影响规律。

(5)PVA 纤维增强水泥基复合材料高温后基本力学性能研究。通过 PVA-FRCC 试件高温后基本力学性能试验,测得了 PVA-FRCC 经受不同温度高温作用后的立方体抗压强度、轴心抗压强度、抗折强度、劈裂抗拉强度,分析了经受高温作用后 PVA 纤维对水泥基复合材料立方体抗压强度、轴心抗压强度、抗折强度、劈裂抗拉强度的影响,并得出了相应的影响规律,建立了相对强度与温度的关系式,揭示了加热温度、PVA 纤维掺量、试件冷却方式等因素对水泥基复合材料立方体抗压强度、轴心抗压强度、抗折强度及劈裂抗拉强度影响的机制。

(6)纳米 SiO_2 增强水泥基复合材料高温后基本力学性能研究。通过纳米 SiO_2 增强水泥基复合材料试件高温后力学性能试验,测得了水泥基复合材料经受不同温度高温作用后的立方体抗压强度、轴心抗压强度和劈裂抗拉强度,分析了经受高温作用后纳米 SiO_2 对水泥基复合材料立方体抗压强度、轴心抗压强度和劈裂抗拉强度的影响,并得出了相应的影响规律,建立了相对强度与温度的函数关系式,揭示了加热温度、纳米 SiO_2 掺量、试件冷却方式等因素对水泥基复合材料立方体抗压强度、轴心抗压强度和劈裂抗拉强度影响的机制。

(7)纳米 SiO_2 增韧机制及水泥基复合材料高温损伤机制。采用扫描电镜对经受高温作用后的试件的微观结构进行了测试分析,探究了纳米 SiO_2 增强水泥基复合材料的微观形貌,分析了纳米 SiO_2 对水泥基复合材料的增强效果,揭示了纳米 SiO_2 增强水泥基复合材料高温损伤机制。

第 2 章　试验概况及配合比设计

2.1　试验所用原材料

纳米试验在制备水泥基复合材料时所用材料主要包括水泥、粉煤灰、石英砂、纳米 SiO_2、PVA 纤维、水、高效减水剂等,选用的所有材料各项指标均符合相应的规范要求且都满足试验要求,具体参数如下所示。

2.1.1　水泥

本书试验采用河南省新乡孟电集团生产的 42.5 级 P·O 型普通硅酸盐水泥,其各指标检测结果均符合《通用硅酸盐水泥》(GB 175—2007)对水泥性能指标的要求,其主要物理力学性能指标见表 2-1。

表 2-1　水泥主要物理力学性能指标

指标	密度/ (g/cm^3)	比表面积/ (m^2/kg)	凝结时间/min		抗压强度/ MPa		抗折强度/ MPa		烧失量/ %
			初凝	终凝	3 d	28 d	3 d	28 d	
数值	3.16	386	45	300	26.6	54.5	5.42	8.74	3.23

2.1.2　粉煤灰

在新型水泥基复合材料中,粉煤灰作为应用最普遍的矿物外加剂,已经与水泥、水、集料等基本原材料同等重要。它能有效地减少水泥用量,提高水泥浆体的密实度,改善拌和物的和易性,还有效地改善水泥基材料的韧性和抗裂性。

本试验所用粉煤灰来自洛阳电厂生产的 I 级粉煤灰,其主要物理性能如表 2-2 所示。

表 2-2 粉煤灰物理性能指标

测试指标		密度/ (g/cm³)	堆积密度/ (g/cm³)	原灰标准稠度/ %	吸水量/ %
测试 结果	范围	1.9~2.9	0.531~1.261	27.3~66.7	89~130
	均值	2.1	0.780	48.0	106

2.1.3 石英砂

本试验参考 ECC 材料的设计理念,所配制的水泥基复合材料中只含细集料,试验采用的是由巩义市元亨净水材料厂生产的粒径为 75~120 μm 的特细石英砂。

2.1.4 PVA 纤维

PVA 纤维因具有高抗拉强度、耐酸碱性及较大的极限延伸率,被广泛作为水泥基复合材料的增强材料。王海超等对比国产 PVA 纤维和进口 PVA 纤维后发现,进口 PVA 纤维虽造价高,但具备光泽透亮、分散均匀、吸水性低等优点。因此,本书试验选用的 PVA 纤维是由日本可乐丽公司生产的。主要性能指标见表 2-3。

表 2-3 PVA 纤维指标

耐碱性/ %	标准长/ mm	断面伸缩率/ %	延伸率/ %	干断裂伸度/ %	抗拉强度/ MPa
99	12	320	6.5	17±3.0	1 540

2.1.5 纳米 SiO₂

本书试验采用了由杭州万景新材料有限公司生产的纳米 SiO₂,各指标测试结果如表 2-4 所示。

表 2-4　纳米 SiO₂ 各指标测试结果

检测内容	比表面积/ (m^2/g)	含量/ %	平均粒径/ nm	pH 值	表观密度/ (g/L)
检测结果	200	99.5	30	6	55

2.1.6 水

本书试验拌和用水为普通的自来水,密度为 1 g/cm^3,检测结果如表 2-5 所示。

表 2-5　水的主要指标

检测项目	pH 值	不溶物/ (mg/L)	氯离子含量/ (mg/L)	总碱度/ (毫克当量/L)	硫酸根含量/ (mg/L)	可溶物/ (mg/L)
检测结果	6.7	105	161.23	9.0	230.48	1 052

2.1.7 外加剂

本试验采用的外加剂是江苏苏博特有限公司生产的聚羧酸系高效减水剂,该减水剂的各项指标符合规范《混凝土外加剂》(GB 8076—2008)中的规定。该减水剂是液态产品,呈现淡黄色,减水率为 25%,含气量为 4.0%,泌水率比为 30%。减水剂各项指标如表 2-6 所示。

表 2-6　减水剂的主要指标　　　　　　%

检验项目	泌水率比	含气量	抗压强度比	收缩率比	减水率
标准要求	≤70	≤6.0	≥130	≤110	≥25
检验结果	30	4.0	147	98	25

试验原材料如图 2-1 所示。

(a)减水剂

(b)PVA纤维

(c)纳米SiO$_2$

(d)粉煤灰

图 2-1　试验原材料

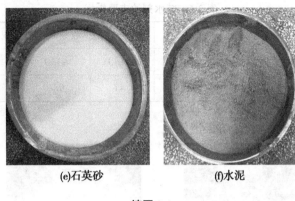

(e)石英砂　　　　　　(f)水泥

续图 2-1

2.2　水泥基复合材料配合比设计

2.2.1　配合比设计

本书研究目的是通过在传统水泥基材料中掺加 PVA 纤维和纳米 SiO_2 制备出具有高强度、高韧性的 PVA 纤维和纳米 SiO_2 增强水泥基复合材料,并通过试验探究 PVA 纤维和纳米 SiO_2 增强水泥基复合材料的工作性能和经受高温后的力学性能。在进行配合比设计时采用控制变量法,只改变一个变量,即分别改变 PVA 纤维或纳米 SiO_2 的掺量。

本书试验分为 2 批进行,分别为 A、B 两组,且两组的水胶比为 0.35,胶砂比为 2,均用粉煤灰等量取代 35% 质量的硅酸盐水泥。对于 A 组,纳米 SiO_2 和 PVA 纤维分为单独掺入和复合掺入两种,单掺的水泥基复合材料仅纳米 SiO_2 或 PVA 纤维一种,纳米 SiO_2 等质量取代水泥(0.5%、1.0%、1.5%、2.0% 和 2.5%)。PVA 纤维等体积掺加(0.3%、0.6%、0.9%、1.2% 和 1.5%)。复掺的水泥基复合材料同时掺加纳米 SiO_2 和 PVA 纤维,改变 PVA 纤维体积掺量时(0. 3%、0. 6%、0. 9%、1. 2% 和 1. 5%),纳米 SiO_2 固定 1. 5%;改变 SiO_2 质量掺量时(0. 5%、1. 0%、1. 5%、2. 0% 和 2. 5%),PVA 纤维掺量固定 1. 2%。聚羧酸减水剂掺量为 0、0. 2%、0. 4%、0. 6%、0. 8%和 1. 0%。对于 B 组,采用的 PVA 纤维体积掺量分别为 0. 3%、0. 6%、0. 9%、1. 2%、1. 5%;纳米 SiO_2 将以等质量取代水泥的方式掺入水泥基复合材料中,掺量分别为 1. 0%、1. 5%、2. 0%、2. 5%,高效减水剂的掺量是本着各配合比工作性一致性原则,其掺量是以水泥用量为基准并随着 PVA 纤维和纳米 SiO_2 掺量的增加而增加。A、B 两组的每立方米水泥基复合材料中各材料的用量分别如表 2-7、表 2-8 所示。

表 2-7　A 组配合比

试验编号	水/ (kg/m^3)	水泥/ (kg/m^3)	石英砂/ (kg/m^3)	粉煤灰/ (kg/m^3)	PVA 纤维/%	纳米 SiO_2/%	减水剂/%
M-0. 4	350	650	500	350	0	0	0. 4
P-0. 3	350	650	500	350	0. 3	0	0. 4
P-0. 6	350	650	500	350	0. 6	0	0. 4
P-0. 9	350	650	500	350	0. 9	0	0. 4
P-1. 2	350	650	500	350	1. 2	0	0. 4
P-1. 5	350	650	500	350	1. 5	0	0. 4
N-0. 5	350	646. 75	500	350	0	0. 5	0. 4
N-1. 0	350	643. 5	500	350	0	1. 0	0. 4
N-1. 5	350	640. 25	500	350	0	1. 5	0. 4
N-2. 0	350	637	500	350	0	2. 0	0. 4
N-2. 5	350	633. 75	500	350	0	2. 5	0. 4
PN-0. 3-1. 5	350	640. 25	500	350	0. 3	1. 5	0. 4
PN-0. 6-1. 5	350	640. 25	500	350	0. 6	1. 5	0. 4
PN-0. 9-1. 5	350	640. 25	500	350	0. 9	1. 5	0. 4

续表 2-7

试验编号	水/ (kg/m³)	水泥/ (kg/m³)	石英砂/ (kg/m³)	粉煤灰/ (kg/m³)	PVA 纤维/%	纳米 SiO₂/%	减水剂/%
PN-1.2-1.5	350	640.25	500	350	1.2	1.5	0.4
PN-1.5-1.5	350	640.25	500	350	1.5	1.5	0.4
PN-1.2-0.5	350	646.75	500	350	1.2	0.5	0.4
PN-1.2-1.0	350	643.5	500	350	1.2	1	0.4
PN-1.2-1.5	350	640.25	500	350	1.2	1.5	0.4
PN-1.2-2.0	350	637	500	350	1.2	2	0.4
PN-1.2-2.5	350	633.75	500	350	1.2	2.5	0.4
M-0	350	650	500	350	0	0	0
M-0.2	350	650	500	350	0	0	0.2
M-0.6	350	650	500	350	0	0	0.6
M-0.8	350	650	500	350	0	0	0.8
M-1.0	350	650	500	350	0	0	1

表 2-8　B 组配合比

试验编号	水/ (kg/m³)	水泥/ (kg/m³)	石英砂/ (kg/m³)	粉煤灰/ (kg/m³)	PVA 纤维/%	纳米 SiO₂/%	减水剂/%
M-0-0	350	650	500	350	0	0	1.5
P-0.3	350	650	500	350	0.3	0	2.0
P-0.6	350	650	500	350	0.6	0	2.5
P-0.9	350	650	500	350	0.9	0	3.0
P-1.2	350	650	500	350	1.2	0	3.5
P-1.5	350	650	500	350	1.5	0	4.0
N-1.0	350	643.5	500	350	0	1.0	5.0
N-1.5	350	640.25	500	350	0	1.5	5.5

续表 2-8

试验编号	水/ (kg/m³)	水泥/ (kg/m³)	石英砂/ (kg/m³)	粉煤灰/ (kg/m³)	PVA 纤维/%	纳米 SiO₂/%	减水剂/ %
N-2.0	350	637	500	350	0	2.0	6.0
N-2.5	350	633.75	500	350	0	2.5	6.5

表 2-7 中试验编号意义为:M 表示未掺 PVA 纤维和纳米 SiO_2 的水泥基复合材料,数字表示减水剂掺量,例如 M-0.4 代表减水剂掺量为 0.4%。N 表示纳米 SiO_2 增强水泥基复合材料,P 代表 PVA 纤维增强水泥基复合材料,数字表示 SiO_2 纳米或 PVA 纤维掺量。PN 表示纳米 SiO_2 复合 PVA 纤维增强水泥基复合材料,第一个数字表示 PVA 纤维的掺量,第二个数字表示纳米 SiO_2 的掺量,例如 PN-1.2-1.5 表示 PVA 纤维掺量为 1.2%,纳米 SiO_2 掺量为 1.5%。表 2-8 中试验编号意义为:P 代表掺加 PVA 纤维;M 代表基准组,即未掺加纳米 SiO_2 和 PVA 纤维;N 代表掺加纳米 SiO_2,表中 PVA 纤维和纳米 SiO_2 编号后面的数字单位是百分数。例如 P-0.3 代表 PVA 纤维的掺量为 0.3%,分别以 0.3% 递增,同样地 N-1.0 代表纳米 SiO_2 掺量为 1.0%,分别以 0.5% 递增。

2.2.2 试验内容

本书对于水泥基复合材料不同的性能试验分别在 A、B 两组进行。A 组试验包括新拌水泥基复合材料流变试验、润滑层黏度试验、坍落扩展度试验、泌水率试验、稠度仪试验和立方体抗压强度试验,以此研究水泥基复合材料的流变性能、工作性能和立方体抗压强度,从纳米 SiO_2、PVA 纤维和聚羧酸减水剂等多角度分析对比水泥基复合材料的流变性能、工作性能和力学性能等各项性能参数的变化规律。B 组试验试件安排如表 2-9 所示。

表 2-9　B 组试验试件安排

组别	试验名称	龄期/d	各配合比试件个数	试件尺寸/（mm×mm×mm）	试件总数/个
B 组	立方体抗压强度试验	28	3	70.7×70.7×70.7	255
	轴心抗压强度试验	28	3	40×40×160	210
	劈裂抗拉强度试验	28	3	70.7×70.7×70.7	255
	抗折强度试验	28	5	40×40×160	150
	SEM 微观试验	28	3	100×100×100	70

2.3　试件制备

为了更充分发挥各种原材料的优势,需要科学合理的制备过程。制备纳米 SiO_2 和 PVA 纤维增强水泥基复合材料的关键是保证纳米 SiO_2、PVA 纤维和聚羧酸减水剂充分在混合体系中分散均匀。纳米 SiO_2 由于自身的纳米效应以及亲水性,直接掺入水泥基复合材料会出现团聚现象,在混合体系中难以分散均匀,因此先将 SiO_2 与干燥的原材料石英砂、水泥和粉煤灰进行拌制。聚羧酸减水剂与水混合,由于减水剂有很好的分散性,能够均匀地分散在水中。PVA 纤维在最后拌制过程中逐次掺入。

具体拌和步骤:首先把 SiO_2 与干燥的原材料石英砂、水泥和粉煤灰倒入搅拌机中,搅拌 2 min 使混合料搅拌均匀;随后把聚羧酸减水剂与水混合,将水与减水剂的拌和物掺入到混合料中,搅拌 2 min,形成水泥基砂浆混合料;最后定时搅拌 2 min,搅拌期间把 PVA 纤维分 4 次掺入水泥基砂浆混合料,直至 PVA 纤维在混合料中拌制均匀。

水泥基复合材料制备完成后,将一部分新拌水泥基复合材料分别装入流变仪桶、稠度仪、坍落度筒中进行试验,一部分新拌水泥基复合材料装入泌水率桶中,移至振动台,振动 20 s,测量质量,然后把泌水率桶移至室内,进行泌水试验。剩余水泥基复合材料装入试模中,放置在振动台振动成型,然后把试件移至室内且在试件表面覆盖一层塑料薄膜,24 h 后拆模取出试件,将其放置在标准养护室[温度(20±2)℃,相对湿度≥95%],28 d 龄期后将试件取出进行试验。纳米 SiO₂ 和 PVA 纤维增强水泥基复合材料制备工艺如图 2-2 所示。

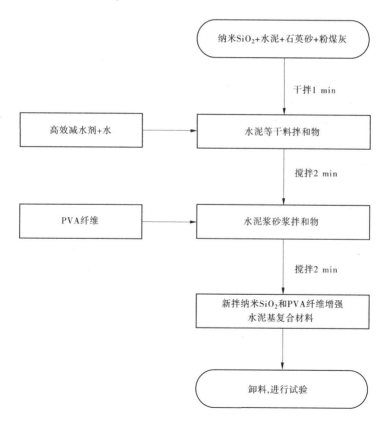

图 2-2　纳米 SiO₂ 和 PVA 纤维增强水泥基复合材料制备工艺

2.4 小　结

（1）按照相关规程和标准，选择合适的原材料制备纳米 SiO_2 和 PVA 增强水泥基复合材料，并对原材料进行检测分析，结果表明各原材料符合相关标准。

（2）从原材料选用、配合比设计、试件尺寸确定、试件制作与养护、试件制备工艺等方面详细阐述了水泥基材料试件的制作过程，配合比设计是查阅大量有关水泥基材料的文献及参考本课题组以往的研究通过反复试配而最终确定的。

（3）本章主要根据《建筑砂浆基本性能试验方法》（JGJ/T 70—2009）及《钢丝网水泥用砂浆力学性能试验方法》（GB/T 7897—2008）中的相关规定，详细介绍了测定水泥基复合材料高温后力学性能的试验方法，包括立方体抗压强度试验、劈裂抗拉强度试验、轴心抗压强度试验和抗折强度试验，同时确定高温后各力学性能试验工况及每个工况下的试件个数。

第 3 章　纳米 SiO_2 和 PVA 纤维增强水泥基复合材料流变性能

3.1　引　言

　　纳米和纤维增强水泥基复合材料作为性能优异的新型水泥基材料,国内外学者对其力学性能和耐久性进行了大量深入研究,取得了累累硕果,然而在新拌水泥基复合材料流变性能方面的研究成果乏善可陈。新拌水泥基复合材料流变性能的表征十分重要,它会影响浇铸和成型的过程,不合适的稠度和工作性可能导致新拌水泥基复合材料离析泌水等问题,从长远来看会影响硬化水泥基复合材料的强度。随着泵送高性能水泥基复合材料的广泛应用,对新拌水泥基复合材料的工作性和流变性能的研究亟需进一步突破。

　　本章通过新拌水泥基复合材料流变试验和泵送水泥基复合材料润滑层流变试验,分析了不同纳米 SiO_2、PVA 纤维和聚羧酸减水剂掺量对新拌水泥基复合材料静态屈服应力、动态屈服应力、塑性黏度、润滑层屈服应力和润滑层黏度的影响,得出相应的影响规律,揭示纳米 SiO_2 和 PVA 纤维对水泥基复合材料流变性能的影响机制。

3.2　流变性能试验方法

　　本书试验采用上海砼瑞仪器设备有限公司生产的 TR-CRI 型

全自动混凝土流变仪,具体试验方法如下:

(1)将内径 300 mm、高 310 mm 的测试桶装入 2/3 体积的新拌水泥基复合材料,安装十字转子,控制测试桶上升直至浸没到转子 150 mm 处,测试 0.1 rps 转速下的扭矩,计算得到静态屈服应力。

(2)静态测试完成后,保持十字转子浸没深度不变,依次测试 0.6 rps、0.55 rps、0.5 rps、0.45 rps、0.4 rps、0.35 rps、0.3 rps、0.25 rps、0.2 rps、0.15 rps 转速时所产生的扭矩,计算出新拌水泥基复合材料的动态屈服应力和塑性黏度。叶轮转动的复杂性,使用测得的扭矩和叶轮转速计算剪切应力和剪切速率,计算式为

$$T = G + H \times N \tag{3-1}$$

式中:T 为扭矩,N·m;G 为曲线线性段延长线与 y 轴截距;H 为曲线线性段斜率;N 为叶轮转速,单位为转每秒(rps)。

(3)换下十字转子,安装圆柱形转子($\phi200\times200$ mm),控制测试桶上升直至浸没圆柱形转子 150 mm 处,依次测试 0.6 rps、0.55 rps、0.5 rps、0.45 rps、0.4 rps、0.35 rps、0.3 rps、0.25 rps、0.2 rps、0.15 rps 转速时所产生的扭矩,计算泵送水泥基复合材料润滑层黏度。

试验现场如图 3-1 和图 3-2 所示。

图 3-1 新拌水泥基复合材料流变试验现场

图 3-2　新拌水泥基复合材料润滑层流变试验现场

3.3　水泥基复合材料流变性能

新拌水泥基复合材料流变试验结果见表 3-1。

表 3-1　新拌水泥基复合材料流变试验结果

试验编号	静态屈服应力/Pa	动态屈服应力/Pa	塑性黏度/(Pa·s)	润滑层屈服应力/Pa	润滑层黏度/(Pa·s/m)
M-0.4	274	155	12.9	104	0.069
P-0.3	319	176	15.6	118	0.072
P-0.6	322	173	17.9	130	0.073
P-0.9	413	205	21.9	148	0.077
P-1.2	440	225	28.1	168	0.082
P-1.5	551	295	34.1	195	0.094
N-0.5	238	132	8.7	75	0.061
N-1.0	325	175	18.9	101	0.075

续表 3-1

试验编号	静态屈服应力/ Pa	动态屈服应力/ Pa	塑性黏度/ (Pa·s)	润滑层屈服应力/ Pa	润滑层黏度/ (Pa·s/m)
N-1.5	552	237	24.1	163	0.084
N-2.0	712	328	29.1	271	0.101
N-2.5	781	415	35.3	392	0.114
PN-0.3-1.5	573	254	26.9	185	0.087
PN-0.6-1.5	609	276	28.5	204	0.093
PN-0.9-1.5	638	293	31.3	225	0.097
PN-1.2-1.5	673	324	32.9	239	0.100
PN-1.5-1.5	842	414	38.9	339	0.105
PN-1.2-0.5	388	160	16.9	110	0.078
PN-1.2-1.0	499	195	28.2	191	0.085
PN-1.2-1.5	673	324	32.9	239	0.100
PN-1.2-2.0	788	382	40.7	378	0.108
PN-1.2-2.5	915	448	49.2	417	0.127
M-0	399	184	17	122	0.072
M-0.2	347	161	14.7	107	0.070
M-0.6	254	141	10.3	91	0.064
M-0.8	223	126	9.5	82	0.063
M-1.0	209	109	8.3	80	0.060

3.3.1　纳米 SiO_2 对新拌水泥基复合材料流变性能的影响

不同纳米 SiO_2 质量掺量对新拌水泥基复合材料静态屈服应力、动态屈服应力和塑性黏度的影响规律如图 3-3 所示。

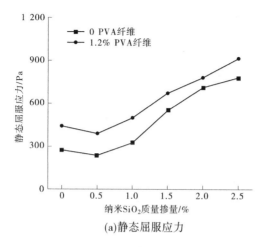

(a)静态屈服应力

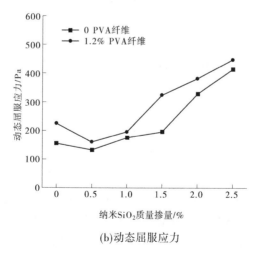

(b)动态屈服应力

图 3-3 纳米 SiO₂ 质量掺量对新拌水泥基复合材料流变性能的影响

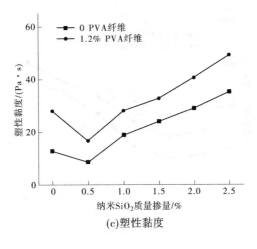

(c)塑性黏度

续图 3-3

由图 3-3 可知,随着纳米 SiO_2 质量掺量从 0 逐渐增加到
2.5%,新拌水泥基复合材料的静态屈服应力、动态屈服应力和塑
性黏度呈现先减小后增大的趋势。

固定 PVA 纤维体积掺量为 0(见图 3-3 下曲线),随着纳米
SiO_2 质量掺量由 0 逐渐增加到 0.5%时,新拌水泥基复合材料的
静态屈服应力、动态屈服应力和塑性黏度逐渐减小,分别由 274
Pa、155 Pa 和 12.9 Pa·s 降低至 238 Pa、132 Pa 和 8.7 Pa·s,分
别减小了 119 Pa、23 Pa 和 4.2 Pa·s,降低幅度为 13.14%、
14.84%和 32.56%。随着纳米 SiO_2 质量掺量由 0.5%继续增加,
新拌水泥基复合材料的静态屈服应力、动态屈服应力和塑性黏度
逐渐增大,在纳米 SiO_2 质量掺量为 2.5%时达到最大,最大值为
781 Pa、415 Pa 和 35.3 Pa·s。

固定 PVA 纤维体积掺量为 1.2%（见图 3-3 上曲线），新拌水泥基复合材料的静态屈服应力、动态屈服应力和塑性黏度的变化趋势与未掺加 PVA 纤维的变化相似。随着纳米 SiO_2 质量掺量由 0 逐渐增加到 0.5%，新拌水泥基复合材料的静态屈服应力、动态屈服应力和塑性黏度逐渐减小，分别由 440 Pa、225 Pa 和 28.1 Pa·s 降低至 388 Pa、160 Pa 和 16.9 Pa·s。随着纳米 SiO_2 质量掺量由 0.5% 继续增加，新拌水泥基复合材料的静态屈服应力、动态屈服应力和塑性黏度逐渐增大，在纳米 SiO_2 质量掺量为 2.5% 时达到最大，最大值为 915 Pa、448 Pa 和 49.2 Pa·s。

综上所述，随着纳米粒子掺量的增加，新拌水泥基复合材料屈服应力和塑性黏度下降，原因是少量的纳米 SiO_2 会填充混合料的孔隙，减少了填充水的用量，使混合体系的均匀性增加。另外，纳米 SiO_2 有较大的比表面积，混合体系中胶凝材料表面包裹着水膜，水膜厚度影响混合料的流动性，形成水膜所需水量与混合体系的比表面积呈正相关的关系，纳米 SiO_2 的掺加无疑增加了混合体系的比表面积，胶凝材料表面包裹更多的水膜，因此少量纳米粒子的掺加，会增加新拌水泥基复合材料的流动性。纳米 SiO_2 质量掺量继续增大，会吸附更多的水，吸附水量逐渐增加直至大于置换出的填充水量，导致新拌水泥基复合材料屈服应力和塑性黏度增大。

3.3.2　PVA 纤维对新拌水泥基复合材料流变性能的影响

不同 PVA 纤维体积掺量对新拌水泥基复合材料静态屈服应力、动态屈服应力和塑性黏度的影响规律如图 3-4 所示。

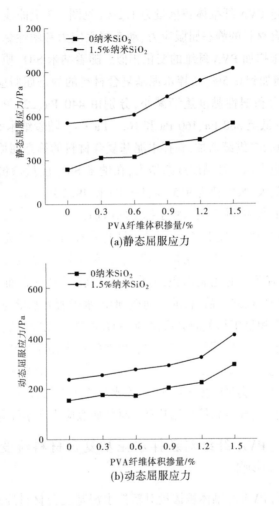

(a)静态屈服应力

(b)动态屈服应力

图3-4 PVA 纤维体积掺量对新拌水泥基复合材料流变性能的影响

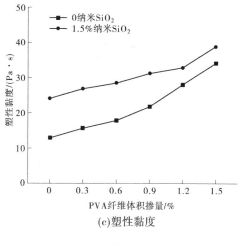

(c)塑性黏度

续图 3-4

由图 3-4 可知,随着 PVA 纤维体积掺量从 0 逐渐增加到
1.5%,新拌水泥基复合材料的静态屈服应力、动态屈服应力和塑
性黏度呈现逐渐增大的趋势。

固定纳米 SiO₂ 质量掺量为 0(见图 3-4 下曲线),随着 PVA 纤
维体积掺量由 0 逐渐增加到 1.5%,新拌水泥基复合材料的静态屈
服应力、动态屈服应力和塑性黏度逐渐增大,分别由 274 Pa、155
Pa 和 12.9 Pa·s 增大至 551 Pa、295 Pa 和 34.1 Pa·s,分别增加
了 277 Pa、140 Pa 和 21.2 Pa·s,增幅为 101.09%、90.32%
和 134.48%。

固定纳米 SiO₂ 质量掺量为 1.5%(见图 3-4 上曲线),当 PVA
纤维体积掺量为 0 时,水泥基复合材料的静态屈服应力、动态屈服
应力和塑性黏度分别为 552 Pa、237 Pa 和 24.1 Pa·s。随着 PVA
纤维体积掺量由 0 增加至 1.5%,新拌水泥基复合材料的静态屈服

应力、动态屈服应力和塑性黏度分别增加至 842 Pa、414 Pa 和
38.9 Pa·s,增量分别为 290 Pa、177 Pa 和 14.8 Pa·s,增幅为
52.54%、74.68%和 61.41%。在 PVA 纤维体积掺量相同的条件
下,纳米 SiO_2 质量掺量为 1.5%的水泥基复合材料的屈服应力和
塑性黏度均高于纳米 SiO_2 质量掺量为 0 时的新拌水泥基复合材
料的静态屈服应力、动态屈服应力和塑性黏度。

　　综上所述,随着 PVA 纤维体积掺量的逐渐增加,新拌水泥基
复合材料的静态屈服应力、动态屈服应力和塑性黏度呈现逐渐增
大的趋势。原因是 PVA 纤维分子中存在着羟基,羟基的亲水性使
PVA 纤维可以吸收混合体系中大量的游离水,从而降低了新拌水
泥基复合材料的屈服应力和塑性黏度。另外,PVA 纤维的掺入增
加了新拌水泥基复合材料内部的孔隙,降低了新拌水泥基复合材
料的均匀性。PVA 纤维体积掺量的增加,导致需要包裹纤维的新
拌水泥基复合材料量也随之增大,新拌水泥基复合材料的流动性
也进一步降低。大掺量的 PVA 纤维会在混合体系内形成连接缠
绕结构,增加了新拌水泥基复合材料的黏结作用,从而增加了新拌
水泥基复合材料的屈服应力和黏度。

3.3.3 聚羧酸减水剂对新拌水泥基复合材料流变性能的影响

　　不同聚羧酸减水剂掺量对新拌水泥基复合材料流变性能的影
响规律如图 3-5 所示。

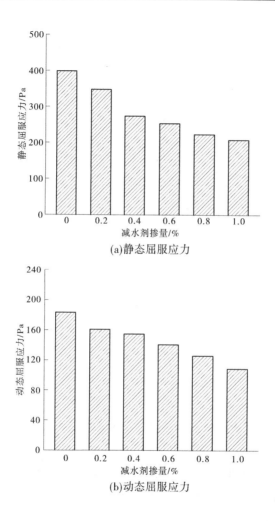

(a)静态屈服应力

(b)动态屈服应力

图 3-5 减水剂掺量对新拌水泥基复合材料流变性能的影响

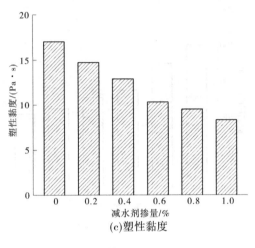

(c)塑性黏度

续图 3-5

由图 3-5 可知,随着聚羧酸减水剂掺量从 0 逐渐增加到
1.0%,新拌水泥基复合材料的静态屈服应力、动态屈服应力和塑
性黏度均呈现逐渐减小的趋势。

当聚羧酸减水剂掺量为 0 时,新拌水泥基复合材料的静态屈
服应力、动态屈服应力和塑性黏度分别为 399 Pa、184 Pa 和 17
Pa·s,随着聚羧酸减水剂掺量逐渐增加,新拌水泥基复合材料静
态屈服应力、动态屈服应力和塑性黏度逐渐减小,在减水剂掺量为
1.0%时达到最小,最小值分别为 209.34 Pa、109 Pa 和 8.3 Pa·s,
分别减小了 190 Pa、75 Pa 和 8.7 Pa·s,减幅为 47.62%、40.76%
和 51.18%。

综上所述,聚羧酸减水剂会改善新拌水泥基复合材料的流变
性能,因为聚羧酸减水剂有憎水和亲水基团,憎水基团会吸附在水
泥颗粒表面,使水泥颗粒也带上相同的电荷,亲水基团指向水溶

液,使得混合体系中形成水–胶凝材料这样稳定的悬浮体系。其
次,聚羧酸减水剂能够将新拌水泥基复合材料中出现的絮凝结构
解体,包裹着的大量拌和水被释放出来,达到减水的目的,因此新
拌水泥基复合材料流变性能得到改善,新拌水泥基复合材料的静
态屈服应力、动态屈服应力减小,塑性黏度减小。

3.4　水泥基复合材料润滑层流变特性

3.4.1　纳米 SiO$_2$ 对水泥基复合材料润滑层流变特性的影响

不同纳米 SiO$_2$ 质量掺量对新拌水泥基复合材料润滑层屈服
应力和润滑层黏度的影响规律如图 3-6 所示。

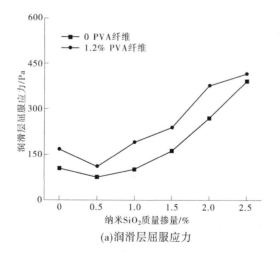

(a)润滑层屈服应力

图 3-6　纳米 SiO$_2$ 质量掺量对润滑层流变性能的影响

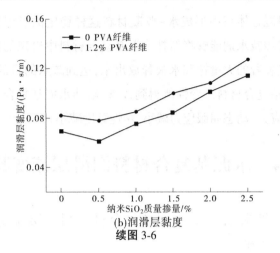

(b)润滑层黏度

续图 3-6

由图 3-6 可知,随着纳米 SiO_2 质量掺量从 0 逐渐增加到
2.5%,新拌水泥基复合材料的润滑层屈服应力和润滑层黏度呈现
先减小后增大的趋势。

固定 PVA 纤维体积掺量为 0(见图 3-6 下曲线),当纳米 SiO_2
质量掺量为 0 时,新拌水泥基复合材料的润滑层屈服应力和润滑
层黏度分别为 104 Pa 和 0.069 Pa · s/m。随着纳米 SiO_2 的质量
掺量增加到 0.5%,新拌水泥基复合材料润滑层屈服应力和润滑
层黏度降低,分别降至 75 Pa 和 0.061 Pa · s/m。随着纳米 SiO_2
质量掺量由 0.5%继续增加,新拌水泥基复合材料润滑层的流变
性能呈现增加趋势;当纳米 SiO_2 的质量掺量增加到 2.5%时,润滑
层屈服应力和润滑层黏度达到最大,最大值分别为 392 Pa 和
0.114 Pa · s/m。

固定 PVA 纤维体积掺量为 1.2%时(见图 3-6 上曲线),新拌水
泥基复合材料的润滑层屈服应力和润滑层黏度的变化趋势与未掺
加 PVA 纤维组类似。当纳米 SiO_2 的质量掺量为 0 时,新拌水泥基

复合材料润滑层屈服应力和润滑层黏度分别为 168 Pa 和 0.082 Pa
· s/m。随着纳米 SiO$_2$ 质量的掺量由 0 增加到 0.5%,润滑层屈服
应力和润滑层黏度均有幅度减小,分别减小至 110 Pa 和 0.078
Pa · s/m,减幅分别为 34.52% 和 4.88%。随着纳米 SiO$_2$ 质量掺量
由 0.5% 继续增加,润滑层流变屈服应力和润滑层黏度增大,当纳米
SiO$_2$ 质量掺量为 2.5% 时,新拌水泥基复合材料的润滑层屈服应力
和润滑层黏度最大,最大值分别为 417 Pa 和 0.127 Pa · s/m。

在纳米 SiO$_2$ 掺量相同的条件下,PVA 纤维体积掺量为 1.2%
的新拌水泥基复合材料的润滑层屈服应力和润滑层黏度均高于
PVA 纤维体积掺量为 0 时的水泥基复合材料的润滑层屈服应力
和润滑层黏度。

3.4.2 PVA 纤维对水泥基复合材料润滑层流变特性的影响

不同 PVA 纤维体积掺量对新拌水泥基复合材料润滑层屈服
应力和润滑层黏度的影响规律如图 3-7 所示。

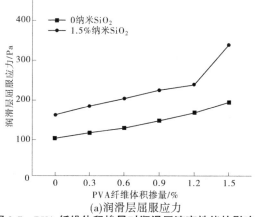

(a)润滑层屈服应力

图 3-7　PVA 纤维体积掺量对润滑层流变性能的影响

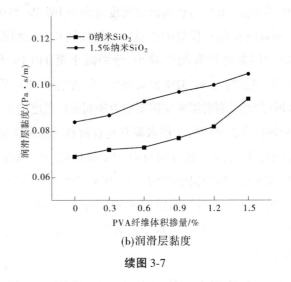

(b)润滑层黏度

续图 3-7

由图 3-7 可知,随着 PVA 纤维体积掺量从 0 逐渐增加到 1.5%,新拌水泥基复合材料的润滑层屈服应力和润滑层黏度呈现逐渐增大的趋势。

固定纳米 SiO_2 质量掺量为 0 时(见图 3-7 下曲线),随着 PVA 纤维体积掺量由 0 逐渐增加到 1.5% 时,新拌水泥基复合材料的润滑层屈服应力和润滑层黏度逐渐增大,分别由 104 Pa 和 0.069 Pa·s/m 增大至 195 Pa 和 0.094 Pa·s/m,分别增加了 91 Pa 和 0.025 Pa·s/m,增幅为 87.5% 和 36.23%。

固定纳米 SiO_2 质量掺量为 1.5% 时(见图 3-7 上曲线),当 PVA 纤维体积掺量为 0,新拌水泥基复合材料的润滑层屈服应力和润滑层黏度分别为 163 Pa 和 0.084 Pa·s/m。随着 PVA 纤维体积掺量增加至 1.5%,新拌水泥基复合材料的润滑层屈服应力和润滑层黏度分别增加至 339 Pa 和 0.105 Pa·s/m,分别增加了

176 Pa 和 0.021 Pa·s/m。

在 PVA 纤维体积掺量相同的条件下,纳米 SiO$_2$ 质量掺量为
1.5%的水泥基复合材料润滑层屈服应力和润滑层黏度均高于纳
米 SiO$_2$ 质量掺量为 0 时的新拌水泥基复合材料的润滑层屈服应
力和润滑层黏度。

3.4.3　聚羧酸减水剂对水泥浆润滑层流变特性的影响

不同聚羧酸减水剂掺量对新拌水泥基复合材料润滑层流变性
能的影响规律如图 3-8 所示。

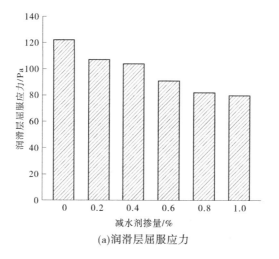

(a)润滑层屈服应力

图 3-8　减水剂掺量对润滑层流变性能的影响

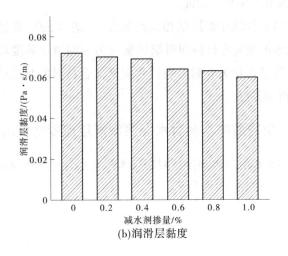

(b)润滑层黏度

续图 3-8

由图 3-8 可知,随着聚羧酸减水剂掺量的增加,新拌水泥基复合材料的润滑层屈服应力和润滑层黏度均呈现逐渐减小的趋势。当减水剂掺量为 0 时,新拌水泥基复合材料的润滑层屈服应力和润滑层黏度分别为 122 Pa 和 0.071 Pa·s/m,随着聚羧酸减水剂掺量的增加,新拌水泥基复合材料润滑层屈服应力和润滑层黏度逐渐减小,在减水剂掺量为 1.0% 时达到最小,最小值分别为 80 Pa 和 0.052 Pa·s/m,分别减小了 34.42% 和 26.76%。

3.5　流变参数拟合分析

3.5.1　纳米 SiO$_2$ 掺量与水泥基复合材料流变参数拟合分析

数学模型拟合方法是目前在工程实际中最为常用的方法,能在很大程度上节省工程时间,同时还能保持较高的精度。为了方便指导工程应用问题,根据本章测得的新拌水泥基复合材料流变性能试验结果,采用 Origin 软件将新拌水泥基复合材料的静态屈服应力、动态屈服应力、塑性黏度、润滑层屈服应力和润滑层黏度与纳米 SiO$_2$ 质量掺量拟合关系如图 3-9~图 3-13 所示,其中纵坐标表示新拌水泥基复合材料的流变参数,横坐标表示纳米 SiO$_2$ 质量掺量,R^2 表示相关系数。

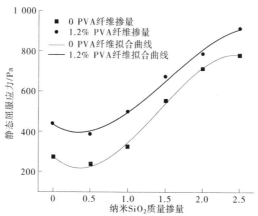

图 3-9　纳米 SiO$_2$ 质量掺量与静态屈服应力拟合曲线

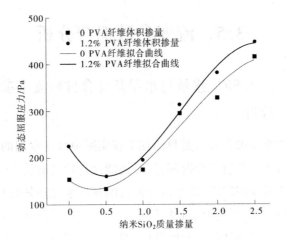

图 3-10　纳米 SiO$_2$ 质量掺量与动态屈服应力拟合曲线

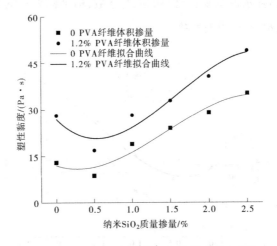

图 3-11　纳米 SiO$_2$ 质量掺量与塑性黏度拟合曲线

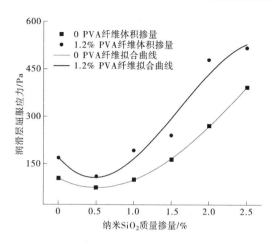

图 3-12　纳米 SiO₂ 质量掺量与润滑层屈服应力拟合曲线

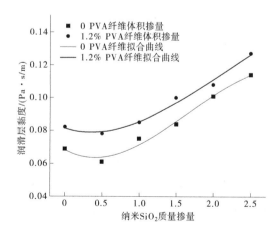

图 3-13　纳米 SiO₂ 质量掺量与润滑层黏度拟合曲线

新拌水泥基复合材料静态屈服应力与纳米 SiO_2 质量掺量的拟合方程关系如式(3-2)和式(3-3)所示。

$$f_{s/N(P=1.2)} = 434.13 - 222.87m + 363.35m^2 - 79.41m^3 \quad R^2 = 0.992$$
$$(3-2)$$

$$f_{s/N(P=0)} = 277.08 - 355.82m + 538.08m^2 - 125.26m^3 \quad R^2 = 0.997$$
$$(3-3)$$

新拌水泥基复合材料动态屈服应力与纳米 SiO_2 质量掺量的拟合方程关系如式(3-4)和式(3-5)所示。

$$f_{d/N(P=1.2)} = 223.56 - 266.53m + 318.63m^2 - 70.74m^3 \quad R^2 = 0.986$$
$$(3-4)$$

$$f_{d/N(P=0)} = 152.26 - 116.37m + 189.76m^2 - 40.89m^3 \quad R^2 = 0.976$$
$$(3-5)$$

新拌水泥基复合材料塑性黏度与纳米 SiO_2 质量掺量的拟合方程关系如式(3-6)和式(3-7)所示。

$$f_{\eta/N(P=1.2)} = 26.94 - 24.98X + 28.23m^2 - 5.92m^3 \quad R^2 = 0.943$$
$$(3-6)$$

$$f_{\eta/N(P=0)} = 12.05 - 8.47m + 16.56m^2 - 3.82m^3 \quad R^2 = 0.963$$
$$(3-7)$$

新拌水泥基复合材料润滑层屈服应力与纳米 SiO_2 质量掺量的拟合方程关系如式(3-8)和式(3-9)所示。

$$f_{\tau/N(P=1.2)} = 171.81 - 239.46m + 363.95m^2 - 75.78m^3 \quad R^2 = 0.961$$
$$(3-8)$$

$$f_{\tau/N(P=0)} = 104.21 - 118.74m + 127m^2 - 13.33m^3 \quad R^2 = 0.999$$
$$(3-9)$$

新拌水泥基复合材料润滑层黏度与纳米 SiO₂ 质量掺量的拟合方程关系如式(3-10)和式(3-11)所示。

$$f_{o/N(P=1.2)} = 0.081\ 4 - 0.013\ 8m + 0.021m^2 - 0.003\ 3m^3 \quad R^2 = 0.986 \tag{3-10}$$

$$f_{o/N(P=0)} = 0.068\ 2 - 0.023\ 8m + 0.033\ 6m^2 - 0.006\ 7m^3 \quad R^2 = 0.997 \tag{3-11}$$

式中：f_s、f_d、f_η、f_τ、f_o 分别为纳米 SiO₂ 质量掺量对应的静态屈服应力、动态屈服应力、塑性黏度、润滑层屈服应力和润滑层黏度；m 为纳米 SiO₂ 的质量掺量。

由图 3-9~图 3-13 可知，新拌水泥基复合材料的静态屈服应力、动态屈服应力、塑性黏度、润滑层屈服应力和润滑层黏度与纳米 SiO₂ 质量掺量均呈现很好的三次项关系。随着纳米 SiO₂ 质量掺量的增加，流变参数值呈现先减小后增大的趋势，纳米 SiO₂ 质量掺量为 0.5% 时最佳。

3.5.2　PVA 纤维掺量与水泥基复合材料流变参数拟合分析

根据本章测得的新拌水泥基复合材料流变性能试验结果，采用 Origin 软件，将新拌水泥基复合材料的静态屈服应力、动态屈服应力、塑性黏度、润滑层屈服应力和润滑层黏度与 PVA 纤维体积掺量进行拟合分析，拟合结果如图 3-14~图 3-18 所示，其中纵坐标表示新拌水泥基复合材料的流变参数，横坐标表示 PVA 纤维体积掺量，R^2 表示相关系数。

新拌水泥基复合材料静态屈服应力、动态屈服应力、塑性黏度、润滑层屈服应力和润滑层黏度与 PVA 纤维体积掺量的定量关系如式(3-12)和式(3-13)所示。

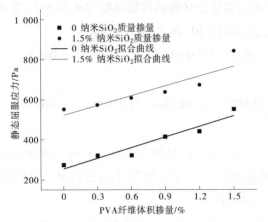

图 3-14　不同 PVA 纤维体积掺量与静态屈服应力拟合曲线

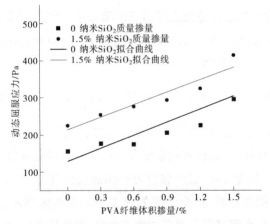

图 3-15　不同 PVA 纤维体积掺量与动态屈服应力拟合曲线

$$f_{s/P(N=0)} = 53.33 - 163.33v \quad R^2 = 0.839 \quad (3\text{-}12)$$

$$f_{s/P(N=1.5)} = 213.95 - 111.62v \quad R^2 = 0.895 \quad (3\text{-}13)$$

新拌水泥基复合材料动态屈服应力与 PVA 纤维体积掺量的

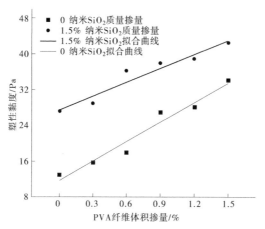

图 3-16　不同 PVA 纤维体积掺量与塑性黏度拟合曲线

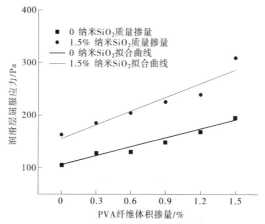

图 3-17　不同 PVA 纤维体积掺量与润滑层屈服应力拟合曲线

定量关系如式(3-14)和式(3-15)所示。

$$f_{d/P(N=0)} = 128.71 - 117.05v \quad R^2 = 0.729 \quad (3-14)$$

$$f_{d/P(N=1.5)} = 275.33 - 240v \quad R^2 = 0.931 \quad (3-15)$$

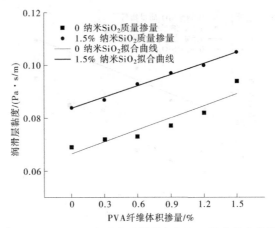

图 3-18　不同 PVA 纤维体积掺量与润滑层黏度拟合曲线

新拌水泥基复合材料塑性黏度与 PVA 纤维体积掺量的定量关系如式(3-16)和式(3-17)所示。

$$f_{\eta/P(N=0)} = 11.69 - 14.52v \quad R^2 = 0.965 \quad (3\text{-}16)$$

$$f_{\eta/P(N=1.5)} = 27.49 - 10.35v \quad R^2 = 0.937 \quad (3\text{-}17)$$

新拌水泥基复合材料润滑层屈服应力与 PVA 纤维体积掺量的定量关系如式(3-18)和式(3-19)所示。

$$f_{\tau/P(N=0)} = 106.48 - 56.48v \quad R^2 = 0.984 \quad (3\text{-}18)$$

$$f_{\tau/P(N=1.5)} = 155.62 - 86.95v \quad R^2 = 0.914 \quad (3\text{-}19)$$

新拌水泥基复合材料润滑层黏度与 PVA 纤维体积掺量的定量关系如式(3-20)和式(3-21)所示。

$$f_{o/P(N=0)} = 0.0665 + 0.0151v \quad R^2 = 0.871 \quad (3\text{-}20)$$

$$f_{o/P(N=1.5)} = 0.0838 + 0.00141v \quad R^2 = 0.974 \quad (3\text{-}21)$$

式中：f_s、f_d、f_η、f_τ、f_o 分别为 PVA 纤维体积掺量对应的静态屈服应力、动态屈服应力、塑性黏度、润滑层屈服应力和润滑层黏度；

v 为 PVA 纤维体积掺量。

由图 3-14~图 3-18 可知,PVA 纤维体积掺量与新拌水泥基复合材料的流变性能呈现线性相关,但与未掺纳米 SiO₂ 组动态屈服应力拟合相关性不强。总体上,随着 PVA 纤维体积掺量的增加,新拌水泥基复合材料的静态屈服应力、动态屈服应力、塑性黏度、润滑层屈服应力和润滑层黏度均呈现增加的趋势。

3.5.3　聚羧酸减水剂掺量与水泥基复合材料流变参数相关性分析

根据本章测得的新拌水泥基复合材料流变性能试验结果,采用 Origin 软件,将新拌水泥基复合材料的静态屈服应力、动态屈服应力、塑性黏度、润滑层屈服应力和润滑层黏度与减水剂掺量进行拟合分析,拟合结果如图 3-19~图 3-23 所示,其中纵坐标表示新拌水泥基复合材料的流变参数,横坐标表示减水剂掺量,R^2 表示相关系数。

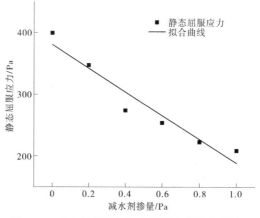

图 3-19　减水剂掺量与静态屈服应力拟合曲线

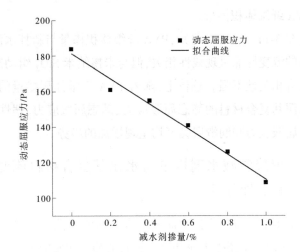

图 3-20　减水剂掺量与动态屈服应力拟合曲线

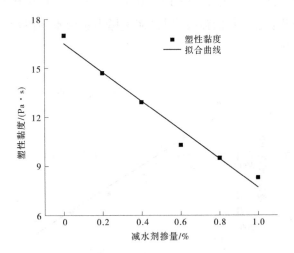

图 3-21　减水剂掺量与塑性黏度拟合曲线

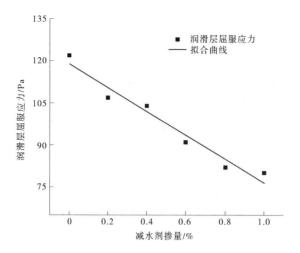

图 3-22 减水剂掺量与润滑层屈服应力拟合曲线

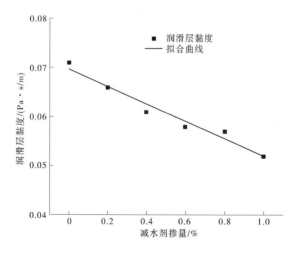

图 3-23 减水剂掺量与润滑层黏度拟合曲线

新拌水泥基复合材料静态屈服应力与聚羧酸减水剂掺量的定量关系如式(3-22)所示。

$$f_s = 380.19 - 191.7a \quad R^2 = 0.934 \quad (3\text{-}22)$$

新拌水泥基复合材料动态屈服应力与聚羧酸减水剂掺量的定量关系如式(3-23)所示。

$$f_d = 181.29 - 70.57a \quad R^2 = 0.983 \quad (3\text{-}23)$$

新拌水泥基复合材料塑性黏度与聚羧酸减水剂掺量的定量关系如式(3-24)所示。

$$f_\eta = 16.52 - 8.81a \quad R^2 = 0.973 \quad (3\text{-}24)$$

新拌水泥基复合材料润滑层屈服应力与聚羧酸减水剂掺量的定量关系如式(3-25)所示。

$$f_\tau = 118.95 - 42.57a \quad R^2 = 0.960 \quad (3\text{-}25)$$

新拌水泥基复合材料润滑层黏度与聚羧酸减水剂掺量的定量关系如式(3-26)所示。

$$f_o = 0.069 - 0.018a \quad R^2 = 0.967 \quad (3\text{-}26)$$

式中：f_s、f_d、f_η、f_τ、f_o 分别为减水剂掺量对应的静态屈服应力、动态屈服应力、塑性黏度、润滑层屈服应力和润滑层黏度；a 为减水剂掺量。

由图 3-19~图 3-23 可知，新拌水泥基复合材料流变参数值与聚羧酸减水剂掺量均呈现较好的线性相关。随着聚羧酸减水剂掺量的增加，新拌水泥基复合材料的静态屈服应力、动态屈服应力、塑性黏度、润滑层屈服应力和润滑层黏度逐渐减小，表明流动性增加。

3.6　小　结

本章通过开展新拌水泥基复合材料流变试验和泵送水泥基复合材料润滑层流变试验,分析了纳米 SiO_2、PVA 纤维和聚羧酸减水剂掺量对新拌水泥基复合材料流变性能的影响,并得出以下结论:

(1)纳米 SiO_2 质量掺量在一定范围内时(质量掺量为 0~0.5%),随着纳米 SiO_2 质量掺量的增加,新拌水泥基复合材料的静态屈服应力、动态屈服应力和塑性黏度不断减小;当纳米 SiO_2 质量掺量继续增加时(0.5%~2.5%),新拌水泥基复合材料的静态屈服应力、动态屈服应力和塑性黏度不断增大。纳米 SiO_2 质量掺量最佳为 0.5%。

(2)PVA 纤维体积掺量在一定范围内时(体积掺量为 0~1.5%),随着 PVA 纤维体积掺量的增加,新拌水泥基复合材料的静态屈服应力、动态屈服应力和塑性黏度呈现逐渐增大的趋势。掺入 PVA 纤维会降低新拌水泥基复合材料的流变性能。

(3)纳米 SiO_2 质量掺量在一定范围内时(质量掺量为 0~0.5%),随着纳米 SiO_2 质量掺量的增加,新拌水泥基复合材料的润滑层屈服应力和润滑层黏度不断减小,当纳米 SiO_2 质量掺量继续增加时(0.5%~2.5%),新拌水泥基复合材料的润滑层屈服应力和润滑层黏度不断增大。纳米 SiO_2 质量掺量最佳为 0.5%。

(4)PVA 纤维体积掺量在一定范围内时(体积掺量为 0~1.5%),随着 PVA 纤维体积掺量的增加,新拌水泥基复合材料的润滑层屈服应力和润滑层黏度逐渐增大。掺入 PVA 纤维会降低新拌水泥基复合材料润滑层流变性能。

(5)随着聚羧酸减水剂掺量的增加,新拌水泥基复合材料的静态屈服应力、动态屈服应力、塑性黏度、润滑层屈服应力和润滑

层黏度逐渐减小。掺入聚羧酸减水剂会改善新拌水泥基复合材料
的流变性能。

(6)纳米 SiO_2 质量掺量与新拌水泥基复合材料流变参数间呈
现较好的三次项关系,PVA 纤维和聚羧酸减水剂掺量与新拌水泥
基复合材料流变参数间呈线性关系。

第 4 章　纳米 SiO$_2$ 和 PVA 纤维增强水泥基复合材料工作性

4.1　引　言

新拌水泥基复合材料工作性是水泥基材料十分重要的性能之一。工作性与水泥基材料的各原材料的组成、用量及施工工序有关。目前,各专家学者普遍认为工作性是水泥基材料从搅拌成型,到施工过程中便于运输和浇灌而不产生离析泌水,并获得体积稳定和结构密实的水泥基材料的性能。因此,工作性包括三方面的含义,分别是流动性、保水性和黏聚性。流动性指水泥基复合材料在自重或机械振捣力的作用下,有较好的流动性并能够均匀密实地填充入模型中的性能。保水性指新拌水泥基材料保证水胶一体,在运输和浇筑过程中保证不泌水的性能。黏聚性指新拌水泥基材料拌和物具有黏聚力,保证在施工过程中不出现分层离析,保持整体均匀的性能。

本章通过水泥基复合材料坍落扩展度试验、泌水率试验和稠度仪试验,分析了纳米 SiO$_2$、PVA 纤维和聚羧酸减水剂对水泥基复合材料工作性的影响,并得出了相应的影响规律,揭示了纳米 SiO$_2$、PVA 纤维和聚羧酸减水剂对水泥基复合材料工作性影响机制。

4.2　坍落扩展度试验

4.2.1　试验方法

本试验采用的标准坍落度筒,上口直径为 100 mm、下口直径为 200 mm、高度为 300 mm,均为合格。具体试验方法如下:

(1)试验前,清洗垫板和坍落度筒,并使筒内壁和垫板上湿润且无积水。然后将铁垫板平放,将坍落度筒置于其上,坍落度筒用双脚固定。

(2)将新拌水泥基复合材料分 3 次装入坍落度筒内,每一次装入的水泥基复合材料量大致相等,用振捣棒将水泥基复合材料由内而外按螺旋形捣 25 次,底层插到垫板上,中上层插入下层水泥基复合材料的 2~3 cm 处。

(3)插捣完毕,刮去多余水泥基复合材料,抹平表面,清除坍落度筒底周围渗出的砂浆,在 5~10 s 内平顺竖直地提起坍落度筒,使水泥基复合材料从筒内自由流动在垫板上。

(4)待拌和物不再流动时,用卷尺测量两个垂直方向上的直径,取其平均值作为坍落扩展度测定结果。

试验现场如图 4-1所示。

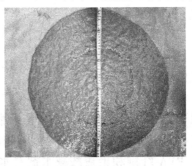

图 4-1　坍落扩展度测量

4.2.2 试验结果

新拌水泥基复合材料的坍落扩展度测量结果见表 4-1。

表 4-1 新拌水泥基复合材料的坍落扩展度测量结果

试验编号	坍落扩展度/(mm×mm)	平均值/mm
M-0.4	590×600	595
P-0.3	530×510	520
P-0.6	500×480	490
P-0.9	450×480	465
P-1.2	400×420	410
P-1.5	370×380	375
N-0.5	475×495	485
N-1.0	445×455	450
N-1.5	450×430	440
N-2.0	290×300	295
N-2.5	300×280	290
PN-0.3-1.5	350×340	345
PN-0.6-1.5	320×340	330
PN-0.9-1.5	315×330	327
PN-1.2-1.5	245×255	250
PN-1.5-1.5	230×220	225
PN-1.2-0.5	330×350	345
PN-1.2-1.0	295×295	295
PN-1.2-1.5	245×255	250

续表 4-1

试验编号	坍落扩展度/（mm×mm）	平均值/mm
PN-1.2-2.0	245×235	240
PN-1.2-2.5	230×230	230
M-0	470×480	475
M-0.2	545×555	550
M-0.6	610×630	620
M-0.8	645×655	650
M-1.0	655×655	665

4.2.3 纳米 SiO_2 对新拌水泥基复合材料坍落扩展度的影响

不同纳米 SiO_2 质量掺量对新拌水泥基复合材料坍落扩展度的影响规律如图 4-2 所示。

由图 4-2 可以看出，随着纳米 SiO_2 质量掺量从 0 逐渐增加到 2.5%，新拌水泥基复合材料的坍落扩展度呈现逐渐减小的趋势。固定纤维体积掺量为 0 时（图 4-2 上曲线），纳米 SiO_2 质量掺量在 0、0.5%、1.0%、1.5%、2.0% 和 2.5% 对应的坍落扩展度为 595 mm、485 mm、448 mm、440 mm、295 mm 和 290 mm；在纳米 SiO_2 质量掺量为 2.5% 时，坍落扩展度最小，最小值为 290 mm，相比于最大的坍落扩展，降低了 305 mm，降幅为 51.3%。

固定纤维体积掺量为 1.2% 时（见图 4-2 下曲线），随着纳米 SiO_2 质量掺量的增加，坍落扩展度由 410 mm 降低到 230 mm，降低了 43.9%。在相同纳米 SiO_2 质量掺量下，固定 PVA 纤维体积掺量为 1.2% 的新拌水泥基复合材料坍落扩展度比未掺 PVA 纤维

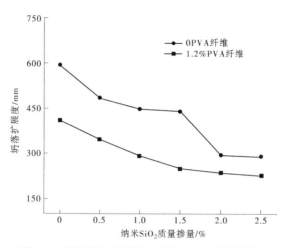

图 4-2　纳米 SiO_2 质量掺量对新拌水泥基复合材料坍落扩展度的影响

组的坍落扩展度低。

　　根据上述分析可知,掺加纳米 SiO_2 会降低水泥基复合材料的流动性。原因如下:水泥基复合材料用水量主要体现在混合体系孔隙间的填充水和吸附在胶凝材料表面的吸附水,填充水对新拌水泥基复合材料流动性几乎没有影响,胶凝材料表层吸附水形成水膜,水膜厚度影响水泥基材料的流动性。纳米 SiO_2 的掺入会置换出一部分填充水,其次增大混合体系的比表面积,导致吸附水量增加,表层吸附水量多于混合体系中降低的填充水量,从而使新拌水泥基复合材料稠度增加,流动性降低,坍落扩展度逐渐减小。

4.2.4　PVA 纤维对新拌水泥基复合材料坍落扩展度的影响

　　不同 PVA 纤维体积掺量对水泥基复合材料坍落扩展度的影响规律如图 4-3 所示。

　　由图 4-3 可知,当 PVA 纤维体积掺量从 0 逐渐增加到 1.5% 时,

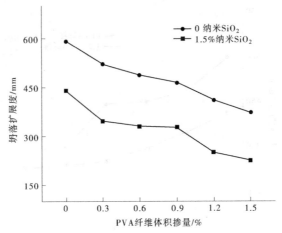

图 4-3　不同 PVA 纤维体积掺量对新拌水泥基复合材料坍落扩展度的影响

新拌水泥基复合材料的坍落扩展度呈现逐渐减小的趋势。固定纳
米 SiO_2 质量掺量为 0 时(见图 4-3 上曲线),PVA 纤维体积掺量在
0、0.3%、0.6%、0.9%、1.2% 和 1.5%对应的坍落扩展度为 595 mm、
520 mm、490 mm、465 mm、410 mm 和 375 mm.;随着 PVA 纤维体积
掺量由 0 增加到 1.5%,坍落扩展度减小了 220 mm,降低了 37.0%。

　　固定纳米 SiO_2 质量掺量为 1.5%时(见图 4-3 下曲线),随着
PVA 纤维体积掺量从 0 增加至 1.2%,新拌水泥基复合材料的坍落
扩展度由 435 mm 减少至 225 mm,减小了 210 mm,降低了 48.28%。
在相同 PVA 纤维体积掺量下,固定纳米 SiO_2 质量掺量为 1.5%的新
拌水泥基复合材料坍落扩展度比未掺纳米 SiO_2 组的坍落扩展度低。

　　综上所述,掺加 PVA 纤维后,混合体系内部孔隙增多,水泥基
复合材料均匀性变差,抑制了拌和物的分离和流动,导致新拌水泥
基复合材料流动性降低;PVA 纤维具有亲水性,表层吸附大量自
由水,随着 PVA 纤维体积掺量的增加,在水胶比不变的情况下,对
拌和物起到增稠效果,从而造成新拌水泥及复合材料流动性降低。

4.2.5 聚羧酸高效减水剂对新拌水泥基复合材料坍落扩展度的影响

不同聚羧酸减水剂掺量对新拌水泥基复合材料坍落扩展度的影响规律如图 4-4 所示。

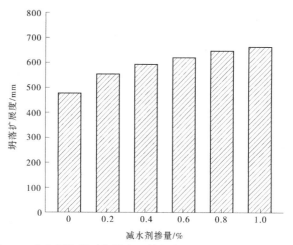

图 4-4　减水剂掺量对新拌水泥基复合材料坍落扩展度的影响

由图 4-4 可以看出,随着聚羧酸减水剂掺量的增加,新拌水泥基复合材料的坍落扩展度逐渐增大。当聚羧酸减水剂掺量为 0 时,新拌水泥基复合材料坍落扩展度最小,最小值为 475 mm;减水剂掺量为 1.0% 时,新拌水泥基复合材料坍落扩展度最大,最大值为 665 mm,增加了 190 mm,增幅为 40%。

4.3　泌水率试验

4.3.1　试验方法

泌水试验通过泌水率桶、胶头滴管和 100 mL 带塞量筒完成,先用湿布润湿容积为 5 L 的带盖容器(直径为 185 mm,高 200 mm),将新拌水泥基复合材料一次装入泌水率桶中振动台振动 20 s,然后用抹刀轻轻抹平,盖上盖子,防止水分蒸发。样品的表面要比筒口低 20 mm 左右。自抹面开始计算时间,在前 60 min,每隔 10 min 用胶头滴管抽吸一次泌水,以后每隔 20 min 抽吸一次,直到连续 3 次无泌水。每一次抽吸前 5 min,筒底一侧应垫上约 35 mm 高的垫片,使筒倾斜,便于吸水。吸水后,将筒轻轻放平盖好。每一次吸入的水都被注入塞量筒中,最后计算出总泌水量,计算精确至 0.01 mL/mm^2。泌水量是三个样本的平均数,若中间值和其余值之差超过 15%,则以中间值为试验结果。若最高数值和最低数值与中间数值之差超过中间数值的 15%,则检验无效。泌水率试验如图 4-5 所示,泌出水的称量如图 4-6 所示。泌水率计算如式(4-1)所示:

$$B = \frac{W_b}{(W_1/G)/G_1} \times 100 \tag{4-1}$$

式中:B 为泌水率;W_b 为泌水总质量,g;W_1 为拌和物用水量,g;G 为拌和物总质量,g;G_1 为试样质量,g。

图 4-5　新拌水泥基复合材料泌水率试验现场

图 4-6　新拌水泥基复合材料泌出水的质量

4.3.2　试验结果

新拌水泥基复合材料泌水率测量结果见表 4-2。

表 4-2　新拌水泥基复合材料泌水率试验结果

试验编号	泌水率/%	试验编号	泌水率/%
M-0.4	4.34	PN-0.9-1.5	2.01
P-0.3	4.08	PN-1.2-1.5	1.66
P-0.6	4.01	PN-1.5-1.5	1.44
P-0.9	3.89	PN-1.2-0.5	3.16
P-1.2	3.52	PN-1.2-1.0	2.68
P-1.5	3.34	PN-1.2-1.5	1.66
N-0.5	3.79	PN-1.2-2.0	0.64
N-1.0	3.41	PN-1.2-2.5	0.59
N-1.5	2.55	M-0	3.81
N-2.0	1.84	M-0.2	4.08
N-2.5	1.33	M-0.6	4.65
PN-0.3-1.5	2.32	M-0.8	4.89
PN-0.6-1.5	2.3	M-1.0	5.38

4.3.3　纳米 SiO_2 对新拌水泥基复合材料泌水率的影响

不同纳米 SiO_2 质量掺量对新拌水泥基复合材料泌水率的影响规律如图 4-7 所示。

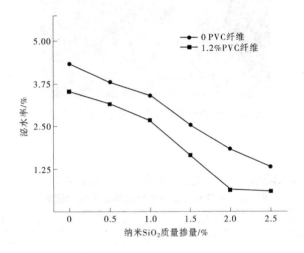

图 4-7　纳米 SiO_2 质量掺量对新拌水泥基复合材料泌水率的影响

由图 4-7 可知,当纳米 SiO_2 质量掺量从 0 逐渐增加到 2.5% 时,新拌水泥基复合材料的泌水率呈现逐渐减小的趋势。固定 PVA 纤维体积掺量为 0 时(见图 4-7 上曲线),纳米 SiO_2 质量掺量在 0、0.5%、1.0%、1.5%、2.0% 和 2.5% 所对应的泌水率分别为 4.34%、3.79%、3.41%、2.55%、1.84% 和 1.33%;在纳米 SiO_2 质量掺量为 2.5% 时,泌水率最小为 290 mm,相较于纳米 SiO_2 质量掺量为 0 的新拌水泥基复合材料,泌水率由 4.24% 减小到 1.6%,降低了 2.64 个百分点。

固定纤维体积掺量为 1.2% 时(见图 4-7 下曲线),纳米 SiO_2 质量掺量在 0.5%、1.0%、1.5%、2.0%、2.5% 时新拌水泥基复合材料泌水率分别为 3.16%、2.68%、1.66%、0.64% 和 0.59%，纳米 SiO$_2$ 质量掺量在 2.5% 时泌水率最小，最小值为 0.59%。

在相同纳米 SiO$_2$ 质量掺量下，固定 PVA 纤维体积掺量为 1.2% 的新拌水泥基复合材料较 PVA 纤维体积掺量为 0 时的泌水率更小。

综上分析，随着纳米粒子的掺加，水泥基复合材料泌水率逐渐减小，主要是由于纳米材料具有极大的比表面积，需要更多的水来润湿表面，增加混合体系中水的用量，导致新拌水泥基复合材料泌出水的质量减少。

4.3.4　PVA 纤维对新拌水泥基复合材料泌水率的影响

不同 PVA 纤维体积掺量对新拌水泥基复合材料泌水率的影响规律如图 4-8 所示。

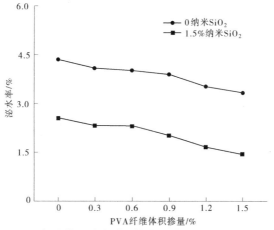

图 4-8　PVA 纤维体积掺量对新拌水泥基复合材料泌水率的影响

由图 4-8 可知，当 PVA 纤维体积掺量从 0 逐渐增加到 1.5% 时，水泥基复合材料的泌水率呈现逐渐减小的趋势。固定纳米

SiO_2 质量掺量为 0 时(见图 4-8 上曲线),纳米 SiO_2 质量掺量在 0、
0.5%、1.0%、1.5%、2.0% 和 2.5% 的新拌水泥基复合材料泌水率
分别为 4.34%、4.08%、4.01%、3.89%、3.52% 和 3.34%。固定纳
米 SiO_2 质量掺量为 1.5% 时(见图 4-8 下曲线),随着 PVA 纤维体
积掺量由 0 增加至 1.5%,新拌水泥基复合材料泌水率从 2.32%
降至 1.44%,降低了 0.88 个百分点。

综上分析,PVA 纤维降低了新拌水泥基复合材料的泌水率,
原因是 PVA 纤维有较好的亲水性,吸收一定的游离水,使自由水
量减少,从而降低了新拌水泥基复合材料的泌水率。

4.3.5 聚羧酸高效减水剂对新拌水泥基复合材料泌水率的影响

不同聚羧酸减水剂掺量对新拌水泥基复合材料泌水率的影响
规律如图 4-9 所示。

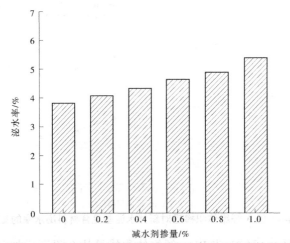

图 4-9 减水剂掺量对新拌水泥基复合材料泌水率的影响

由图 4-9 可知,聚羧酸减水剂掺量从 0 逐渐增加到 1.0% 时,

新拌水泥基复合材料的泌水率呈现逐渐增加的趋势。在减水剂掺量为 0、0.2%、0.4%、0.6%、0.8%、1.0% 时，新拌水泥基复合材料的泌水率分别为 3.81%、4.08%、4.24%、4.65%、4.89%、5.38%。减水剂掺量由 0 增加到 1.0% 时，泌水率增加了 1.57%。

4.4　稠度仪试验

4.4.1　试验方法

1928 年，Freundlich 发现物体受到剪切时稠度变小，停止剪切时稠度又增加的现象，并将这种性质命名为触变性。由于试验条件有限，本节试验借鉴西南交通大学李方元的试验方法，使用稠度仪对新拌水泥基复合材料的触变性和工作性进行评价。

试验采用沧州路晨公路仪器有限公司生产的 SC145 型数显稠度仪，测量精度为 0.01 mm。具体试验方法如下：

（1）将新拌水泥基复合材料装入稠度仪锥形容器中，插捣并抹平表面。调整锥架，使标准锥体尖端与新拌水泥基复合材料表面接触，并固定好标准锥体，调节电子计数器归零。

（2）开启螺钉，使标准椎体自由落入新拌水泥基复合材料中。

（3）标准锥体不再下沉时，固定螺钉，读取锥入度 H_1。

（4）将稠度仪复位，用钢棒充分捣插锥形容器中的水泥基复合材料并抹平静置 10 min。

（5）按上述步骤重新测量新拌水泥基复合材料的锥入度 H_2。

（6）再次将稠度仪复位，用钢棒充分捣插锥形容器中的水泥基复合材料并抹平，重新测量锥入度 H_3。

（7）计算锥入度差 $\Delta H = H_3 - H_2$，锥入度差 ΔH 可以表征新拌水泥基复合材料的触变性。

稠度仪试验现场如图 4-10 所示。

图 4-10　新拌水泥基复合材料稠度仪试验现场

4.4.2　试验结果

新拌水泥基复合材料稠度仪试验结果见表 4-3。

表 4-3　新拌水泥基复合材料稠度仪试验结果

试验编号	H_1/mm	H_2/mm	H_3/mm	ΔH/mm
M-0.4	82.13	76.25	80.37	4.12
P-0.3	80.1	72.86	78.09	5.23
P-0.6	77.72	67.03	72.72	5.69
P-0.9	70.38	62.31	68.47	6.16
P-1.2	61.80	52.18	58.38	6.20
P-1.5	56.39	47.15	54.78	7.63
N-0.5	83.82	74.77	78.05	3.28
N-1.0	88.1	73.83	76.25	2.42
N-1.5	73.39	57.15	63.18	6.03
N-2.0	63.25	52.13	58.67	6.54
N-2.5	57.45	46.26	54.27	8.01
PN-0.3-1.5	66.39	53.98	60.07	6.09
PN-0.6-1.5	63.81	52.69	59.25	6.56
PN-0.9-1.5	60.79	48.1	54.35	6.25

续表 4-3

试验编号	H_1/mm	H_2/mm	H_3/mm	$\Delta H/mm$
PN-1.2-1.5	57.73	41.34	49.18	7.84
PN-1.5-1.5	51.81	28.35	38.45	10.1
PN-1.2-0.5	67.3	56.13	61.66	5.53
PN-1.2-1.0	71.98	63.98	67.02	3.04
PN-1.2-1.5	51.81	41.34	49.18	7.84
PN-1.2-2.0	43.6	34.35	39.45	8.05
PN-1.2-2.5	38.98	32.02	36.4	8.49
M-0	70.65	61.13	68.49	7.36
M-0.2	80.2	71.38	76.68	5.3
M-0.6	82.13	76.25	80.37	4.12
M-0.8	93.48	76.54	80.81	4.27
M-1.0	98.14	85.78	89.35	3.57

4.4.3　纳米 SiO_2 对新拌水泥基复合材料锥入度的影响

不同纳米 SiO_2 质量掺量对新拌水泥基复合材料锥入度的影响规律如图 4-11 所示。

由图 4-11 可知,当纳米 SiO_2 掺量从 0 逐渐增加到 2.5% 时,新拌水泥基复合材料的锥入度 H_1 呈现先增大后减小的趋势,锥入度差 ΔH 呈现先减小后增大的趋势。

由图 4-11(a)可知,当纳米 SiO_2 质量掺量由 0 逐渐增加到 2.5% 时,新拌水泥基复合材料的锥入度呈现先增大后减小的趋势。固定 PVA 纤维体积掺量为 0[见图 4-11(a)上曲线],随着纳米 SiO_2 质量掺量在由 0 逐渐增加到 1.0% 时,新拌水泥基复合材

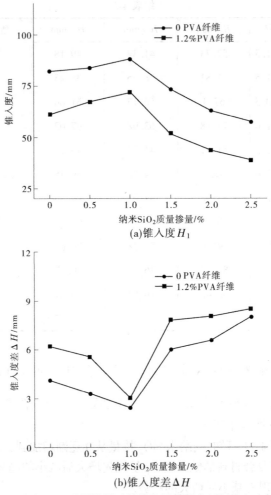

图 4-11 纳米 SiO_2 质量掺量对新拌水泥基复合材料锥入度的影响

料的锥入度逐渐增加,由 82.13 mm 增加到 88.10 mm,增加了 7%;随着纳米 SiO_2 质量掺量由 1.0% 继续增加,水泥基复合材料的锥入度逐渐降低,在纳米 SiO_2 质量掺量为 2.5% 时锥入度最小,

最小值为 57.45 mm。固定 PVA 纤维体积掺量为 1.2%[见图 4-11
(a)下曲线],随着纳米 SiO_2 质量掺量的增加,新拌水泥基复合材
料的锥入度与上曲线类似,呈现先增加后减小的趋势,纳米 SiO_2
质量掺量在 1.0%时达到最大值 71.98 mm;较未掺纳米 SiO_2 时增
加了 10.9 mm,增大 17.8%;随着纳米 SiO_2 质量掺量的增加,新拌
水泥基复合材料纳米 SiO_2 质量掺量在 2.5%时锥入度最小,最小
值为 38.98 mm,减小了 54.1%。

由图 4-11(b)可知,随着纳米 SiO_2 质量掺量的增加,水泥基复
合材料锥入度差 ΔH 呈现先减小后增大的趋势。固定 PVA 纤维
体积掺量为 0[见图 4-11(b)下曲线],当纳米 SiO_2 质量掺量由 0
增加到 1%时,新拌水泥基复合材料的锥入度差 ΔH 由 4.12 mm 减
小至 2.42 mm,减小了 1.7 mm,降幅为 41.26%。随着纳米 SiO_2
质量掺量继续增加,锥入度差 ΔH 逐渐增大,当纳米 SiO_2 质量掺量
为 2.5%时达到最大,最大值为 8.01 mm,增加了 5.59 mm,增幅为
143.2%。固定 PVA 纤维体积掺量为 1.2%时[见图 4-11(b)上曲
线],当纳米 SiO_2 质量掺量由 0 增加到 1.0%时,新拌水泥基复合材
料的锥入度差 ΔH 由 6.2 mm 降低到 3.04 mm,降低了 3.16 mm,降
幅为 50.97%。随着纳米 SiO_2 质量掺量继续增加到 2.5%时,新拌水
泥基复合材料锥入度差 ΔH 增加到 8.49 mm,增加了 5.45 mm,增幅
为 179.28%。

综上所述,在新拌水泥基复合材料混合体系中,一部分水吸附
在胶凝材料表面,形成一定厚度的水膜;另一部分水在混合体系的
孔隙中,孔隙水对混合料的流动性影响不大,水膜厚度对混合料的
流动性有直接影响。由于纳米 SiO_2 的比表面积较大,在掺加少量
纳米 SiO_2 后,能增加混合体系的比表面积,吸附更多的水形成一定
厚度的水膜。另外,由于纳米 SiO_2 具有尺寸效应,会填充到混合体
系中部分孔隙,混合体系中颗粒分布更加均匀合理,因此新拌水泥
基复合材料的锥入度增大。过量的纳米 SiO_2 会大量吸收混合体系

中的填充水,使得混合体系的填充水无法满足混合体系增加的需水
量,从而造成试验中新拌水泥基复合材料稠度增大,锥入度下降。

4.4.4　PVA 纤维对新拌水泥基复合材料锥入度的影响

不同 PVA 纤维体积掺量对新拌水泥基复合材料锥入度的影
响规律如图 4-12 所示。

从图 4-12 中可以看出,随着 PVA 纤维体积掺量逐渐增加,水
泥基复合材料锥入度 H_1 逐渐减小,锥入度差 ΔH 逐渐增大。

固定纳米 SiO_2 质量掺量为 1.5%,当 PVA 纤维体积掺量为 0
时,锥入度和锥入度差 ΔH 分别为 66.39 mm 和 6.03 mm。随着
PVA 纤维体积掺量增大至 1.5%,新拌水泥基复合材料的锥入度
减小至 42.43 mm,减小量为 23.96 mm,降幅为 36.1%,ΔH 增加至
10.1 mm,增量为 4.07 mm,增幅为 67.5%。

固定纳米 SiO_2 质量掺量为 0,当 PVA 纤维体积掺量为 0 时,
水泥基复合材料的锥入度 H_1 和锥入度差 ΔH 分别为 82.13 mm 和
4.12 mm。随着 PVA 纤维体积掺量增大至 1.5%,水泥基复合材
料的锥入度 H_1 减小至 56.39 mm,减小量为 25.74 mm,降幅为
31.34%,ΔH 增加至 7.63 mm,增量为 3.51 mm,增幅为 85.2%。

综上所述,PVA 纤维掺入水泥基复合材料会降低锥入度,增
大锥入度差 ΔH,原因是 PVA 纤维加快了新拌水泥基复合材料混
合体系中絮凝结构的形成。随着 PVA 纤维体积掺量的增加,混合
体系絮凝结构生成加快,造成新拌水泥基复合材料稠度增大,锥入
度减小。

4.4.5　聚羧酸高效减水剂对新拌水泥基复合材料锥入
度的影响

不同聚羧酸减水剂掺量对新拌水泥基复合材料锥入度的影响
规律如图 4-13 所示。

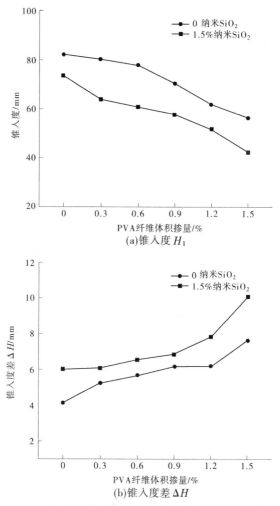

图 4-12　PVA 纤维体积掺量对新拌水泥基复合材料锥入度的影响

由图 4-13 可以看出,随着聚羧酸减水剂掺量的增大,新拌水
泥基复合材料的锥入度呈现逐渐增加的趋势,而新拌水泥基复合

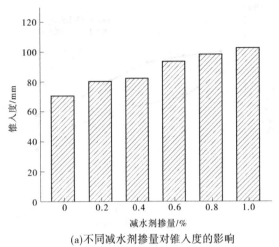

(a)不同减水剂掺量对锥入度的影响

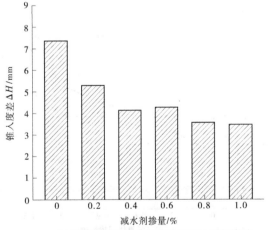

(b)不同减水剂掺量对锥入度差 ΔH 的影响

图 4-13　减水剂掺量对新拌水泥基复合材料锥入度的影响

材料的锥入度差 ΔH 逐渐减小。

当聚羧酸减水剂掺量为 0 时,水泥基复合材料的锥入度 H_1 和

ΔH 分别为 70.65 mm 和 7.36 mm。随着聚羧酸减水剂掺量逐渐增大到 1.0%,锥入度 H_1 增大至 102.50 mm,增量为 31.85 mm,增幅为 45.1%,ΔH 减小至 3.47 mm,减小了 3.89 mm,减幅为 52.9%。

4.5　小　结

本章通过开展坍落扩展度试验、泌水率试验和稠度仪试验,分析了纳米 SiO_2、PVA 纤维和聚羧酸减水剂掺量对新拌水泥基复合材料工作性的影响,并得出以下结论:

(1)坍落扩展度试验结果表明,随着纳米 SiO_2 质量掺量从 0 逐渐增加到 2.5%,新拌水泥基复合材料的坍落扩展度呈现逐渐减小的趋势。随着 PVA 纤维体积掺量的增加,新拌水泥基复合材料的坍落扩展度也呈现逐渐减小的趋势。

(2)泌水率试验结果表明,随着纳米 SiO_2 质量掺量从 0 逐渐增加到 2.5%,新拌水泥基复合材料泌水率呈现逐渐减小的趋势。随着 PVA 纤维体积掺量从 0 逐渐增加到 1.5%,新拌水泥基复合材料泌水率逐渐减小,固定纳米 SiO_2 质量掺量为 1.5 时,新拌水泥基复合材料的泌水率比单掺纤维小。PVA 纤维和纳米 SiO_2 相比,PVA 纤维对新拌水泥基复合材料泌水率的影响要比纳米 SiO_2 小。

(3)稠度仪试验结果表明,随着纳米 SiO_2 质量掺量从 0% 逐渐增加到 2.5%,新拌水泥基复合材料的锥入度和锥入度差 ΔH 呈现先增大后减小的趋势。在纳米 SiO_2 质量掺量为 1.0% 时,锥入度和锥入度差 ΔH 最大。随着 PVA 纤维体积掺量的增加,新拌水泥基复合材料锥入度逐渐减小,触变性(锥入度差 ΔH)逐渐增大,在 PVA 纤维体积掺量为最大 1.5% 时,新拌水泥基复合材料触变性(锥入度差 ΔH)最好。随着聚羧酸减水剂掺量的增加,新拌水泥基复合材料的锥入度呈现出逐渐增大的趋势,触变性呈现出逐渐减小的趋势。

(4)掺入 PVA 纤维会降低新拌水泥基复合材料的工作性。

第 5 章　纳米 SiO_2 和 PVA 纤维增强水泥基复合材料抗压强度

5.1　引　言

抗压强度是表征水泥基复合材料力学性能的重要指标,本书采用《建筑砂浆基本性能试验方法标准》(JGJ/T 70—2009)第 9 章中立方体抗压强度规定的试件尺寸(70.7 mm×70.7 mm×70.7 mm)和试验方法。

5.2　立方体抗压强度试验

5.2.1　试验方法

根据纳米 SiO_2 和 PVA 纤维增强水泥基复合材料各种材料用量,每组配合比浇筑三块,尺寸为 70.7 mm×70.7 mm×70.7 mm 的立方体试件,在室温下养护 1 d 后拆模放入标准养护室。龄期达到 28 d 取出、擦净表面、测量尺寸、检查外观,并进行立方体抗压强度试验,取三组数据的平均值作为水泥基复合材料立方体抗压强度值。立方体抗压强度试验测试采用上海华龙公司生产的 2 000 kN 微机控制伺服万能试验机,加载速度恒定为 1.5 kN/s,记录试件破坏时的荷载。水泥基复合材料立方体抗压强度按式(5-1)计算:

$$f_{m,cu} = \frac{N_u}{A} \qquad (5-1)$$

式中：$f_{m,cu}$ 为立方体抗压强度，MPa；N_u 为试件破坏荷载，N；A 为
试件受压面面积，mm²。

砂浆立方体抗压强度值精确至 0.1 MPa。

试件立方体抗压试验后如图 5-1 和图 5-2 所示。

图 5-1　未掺加 PVA 纤维组的水泥基复合材料

图 5-2　掺加 PVA 纤维组的水泥基复合材料

由图 5-1 可看出，未掺加 PVA 纤维组的水泥基复合材料经过
立方体抗压后，试件剥落程度较大，形成了环箍效应的形态。

由图 5-2 可看出,掺加 PVA 纤维组的水泥基复合材料经过立方体抗压后,试件形态保持较好,有开裂情况,质量损失小,由于PVA 纤维的黏结作用,水泥基复合材料仍保持为一个形体。

5.2.2　抗压强度试验结果

根据 5.2.1 中试验方法开展试验,水泥基复合材料的立方体抗压强度的测定结果如表 5-1 所示。

表 5-1　纳米 SiO_2 和 PVA 纤维增强水泥基复合材料立方体抗压强度结果

试验编号	抗压强度 1/ MPa	抗压强度 2/ MPa	抗压强度 3/ MPa	抗压强度 平均值/MPa
M-0.4	52.5	54.7	55.2	54.1
P-0.3	60.2	62.5	66.3	63
P-0.6	65.7	63.2	66.0	64.9
P-0.9	63.1	65.7	59.8	62.9
P-1.2	58.9	57.3	62.1	59.4
P-1.5	57.5	58.9	56.1	57.5
N-0.5	58.2	55.6	56.7	56.8
N-1.0	59.1	56.8	60.2	58.7
N-1.5	63.9	61.9	67.6	64.5
N-2.0	61.1	62.2	67.8	63.7
N-2.5	68.4	59.3	60.2	62.6
PN-0.3-1.5	69	66.4	64.1	66.5
PN-0.6-1.5	77.3	65.5	69.8	70.9
PN-0.9-1.5	56.1	68.5	72.2	65.6
PN-1.2-1.5	65.6	65.2	63.5	64.7

续表 5-1

试验编号	抗压强度 1/MPa	抗压强度 2/MPa	抗压强度 3/MPa	抗压强度平均值/MPa
PN-1.5-1.5	62.2	64.6	63.4	63.4
PN-1.2-0.5	60.4	54.6	58.2	57.7
PN-1.2-1.0	61.8	56.5	55.9	58.1
PN-1.2-1.5	65.6	65.2	63.5	64.7
PN-1.2-2.0	64.1	63.6	61.3	63
PN-1.2-2.5	58.3	59.5	60.2	59.3
M-0	58.3	60.7	57.3	58.7
M-0.2	56.9	56.3	54.2	55.8
M-0.6	52.5	54.7	55.2	54.1
M-0.8	57.2	49.1	54.1	53.5
M-1.0	57.8	52.4	54.3	54.8

5.2.3 纳米 SiO₂ 对水泥基复合材料立方体抗压强度的影响

不同纳米 SiO₂ 质量掺量对水泥基复合材料立方体抗压强度的影响规律如图 5-3 所示。

由图 5-3 可知,随着纳米 SiO₂ 质量掺量从 0 逐渐增加到 2.5%,水泥基复合材料的立方体抗压强度呈现先增大后减小的趋势。

固定纤维体积掺量为 0[见图 5-3(a)]时的试验中,纳米 SiO₂ 质量掺量在 1.5% 时,水泥基复合材料立方体抗压强度最大;随着纳米 SiO₂ 质量掺量由 0 增加到 1.5%,抗压强度由 54.1 MPa 增加到 64.5 MPa,增加了 19.2%。随着纳米 SiO₂ 质量掺量由 1.5% 继续增加至 2.5%,抗压强度逐渐降低至 62.6 MPa,降低了 1.9 MPa。

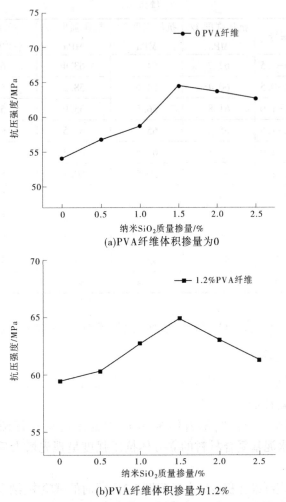

(a)PVA纤维体积掺量为0

(b)PVA纤维体积掺量为1.2%

图 5-3　纳米 SiO$_2$ 质量掺量对水泥基复合材料抗压强度的影响

固定纤维体积掺量 1.2%[见图 5-3(b)],随着纳米 SiO$_2$ 质量掺量从 0 增加到 2.5%,水泥基复合材料立方体抗压强度呈现先增

加后减小的趋势。纳米 SiO$_2$ 质量掺量为 1.5% 时水泥基复合材料
立方体抗压强度最大,随着纳米 SiO$_2$ 质量掺量由 0 增加到 1.5%,
水泥基复合材料立方体抗压强度由 59.4 MPa 增加到 64.7 MPa,
增加了 8.9%。随着纳米 SiO$_2$ 质量掺量由 1.5% 继续增加,立方体
抗压强度逐渐减小至 61.4 MPa,减小了 5.1%。

综上所述,纳米 SiO$_2$ 在一定掺量范围时(0~1.5%),随着纳
米粒子掺量的增加,水泥基复合材料抗压强度逐渐增大,原因是纳
米 SiO$_2$ 具有较高的活性,掺入水泥基复合材料中,水化反应速率
加快,硅酸三钙加速分解,生成水化硅酸钙(C-S-H 凝胶),
C-S-H 凝胶又可填充在水泥基复合材料体系的空隙中,使水泥基
复合材料密实度提高,从而使水泥基复合材料立方体抗压强度增
加。纳米 SiO$_2$ 质量掺量在一定范围时(1.5%~2.5%),随着纳米
粒子掺量增大,水泥基复合材料抗压强度逐渐减小,原因是有较大
比表面积的纳米 SiO$_2$ 会大量吸收混合体系内部大量的自由水,导
致用来参与水化反应的水减少,水化程度降低,混凝土的立方体抗
压强度逐渐下降。

5.2.4　PVA 纤维对水泥基复合材料立方体抗压强度的
影响

不同 PVA 纤维体积掺量对水泥基复合材料立方体抗压强度
的影响规律如图 5-4 所示。

由图 5-4 可知,随着 PVA 纤维体积掺量从 0 逐渐增加到
1.5%,水泥基复合材料的立方体抗压强度呈现先增大后减小的趋
势。固定纳米 SiO$_2$ 质量掺量为 0(见图 5-4 下曲线),PVA 纤维体
积掺量在 0.6% 时,水泥基复合材料立方体抗压强度最大;PVA 纤
维体积掺量为 0.6% 的水泥基复合材料较未掺 PVA 纤维的立方体
抗压强度,从 54.1 MPa 增加到 64.9 MPa,增加了 19.96%。随着
PVA 纤维体积掺量由 0.6% 继续增加至 1.5%,抗压强度逐渐降低

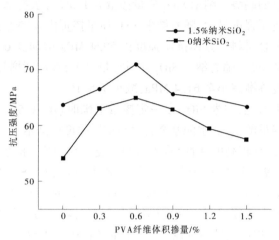

图 5-4　PVA 纤维体积掺量对水泥基复合材料抗压强度的影响

至 57.5 MPa，降低了 7.4 MPa。

　　固定纳米 SiO_2 质量掺量为 1.5%（见图 5-4 上曲线），立方体抗压强度变化规律与下曲线类似，呈现先增加后减小的趋势。PVA 纤维体积掺量为 0.6% 时，水泥基复合材料立方体抗压强度最大，最大值为 70.9 MPa；在 PVA 纤维体积掺量为 0、0.3%、0.6%、0.9%、1.2% 和 1.5% 时，水泥基复合材料立方体抗压强度分别为 63.7 MPa、66.5 MPa、70.9 MPa、65.6 MPa、64.7 MPa 和 65.4 MPa。

　　综上所述，将一定范围体积掺量（0~0.6%）的 PVA 纤维掺入到水泥基复合材料中，可以提高水泥基复合材料的立方体抗压强度，原因是 PVA 纤维有助于增加水泥基复合材料体系中对微裂缝移动及发展的抵抗力。当 PVA 纤维体积掺量超过 0.6% 时，会导致水泥基复合材料抗压强度降低，因为掺加纤维会增加水泥基复合材料中微孔、裂缝的数量，增加了基体内的初始缺陷，水泥基复合材料承载能力随着初始缺陷增多而下降。另外，掺加大量的纤

维会出现团聚现象,纤维在混合体系中分散不均匀,也是导致抗压
强度下降的原因之一。

5.2.5　聚羧酸高效减水剂对水泥基复合材料立方体抗压强度的影响

不同聚羧酸减水剂掺量对水泥基复合材料立方体抗压强度的
影响如图 5-5 所示。

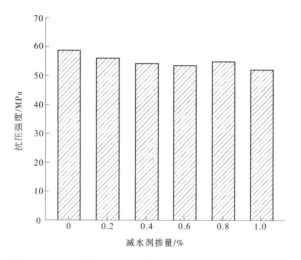

图 5-5　减水剂掺量对水泥基复合材料抗压强度的影响

由图 5-5 可知,随着聚羧酸减水剂掺量的增加,水泥基复合材
料立方体抗压强度随着减水剂掺量的增加呈现减小的趋势。当聚
羧酸减水剂掺量为 0 时,水泥基复合材料立方体抗压强度为 58.7
MPa,当聚羧酸减水剂掺量增大到 1.0%时,水泥基复合材料立方
体抗压强度降低至 52.0 MPa,减小量为 6.7MPa,降幅为 11.4%。
综上所述,掺加聚羧酸减水剂会小幅度降低水泥基复合材料
的立方体抗压强度。因为聚羧酸减水剂的掺加会降低水泥基复合

材料的水胶比,本试验保证混合体系的水胶比保持不变,随着聚羧
酸减水剂掺量的增加,新拌水泥基复合材料离析泌水,导致新拌水
泥基复合材料整体性变差,强度略微降低。

5.3　水泥基复合材料抗压强度
与流变性能参数拟合分析

为了方便指导工程应用问题,根据本书测得的新拌水泥基复
合材料流变性能试验和抗压强度试验结果,采用 Origin 软件,建立
了静态屈服应力、塑性黏度和立方体抗压强度的关系图,并进行了
关系曲线拟合,如图 5-6~图 5-13 所示。其中,纵坐标表示新拌水
泥基复合材料的抗压强度,横坐标表示静态屈服应力和塑性黏度,
R^2 表示相关系数。

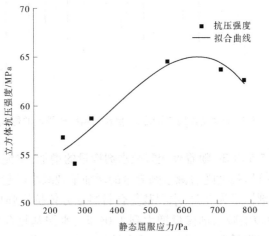

图 5-6　$N(P=0)$ 静态屈服应力和抗压强度拟合曲线

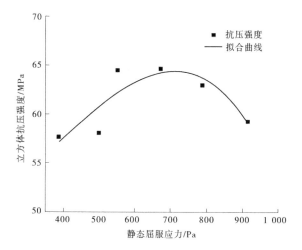

图 5-7　$N(P=1.2)$ 静态屈服应力和抗压强度拟合曲线

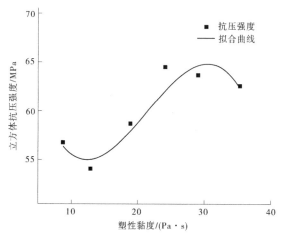

图 5-8　$N(P=0)$ 塑性黏度与抗压强度拟合曲线

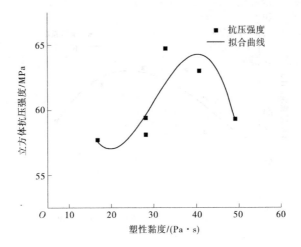

图 5-9 $N(P=1.2)$ 塑性黏度与抗压强度拟合曲线

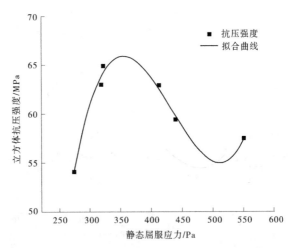

图 5-10 $N(P=0)$ 静态屈服应力与抗压强度拟合曲线

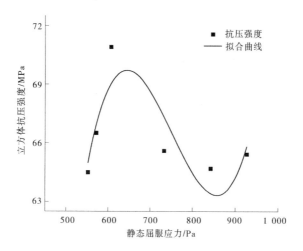

图 5-11　$N(P=1.5)$ 静态屈服应力与抗压强度拟合曲线

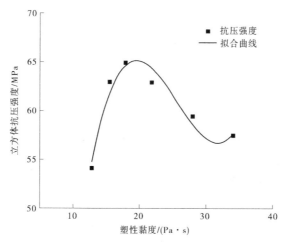

图 5-12　$N(P=0)$ 塑性黏度与抗压强度拟合曲线

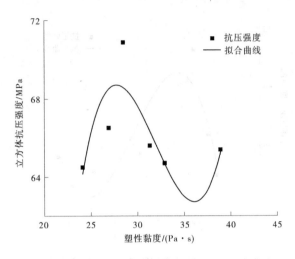

图 5-13　$N(P=1.5)$ 塑性黏度与抗压强度拟合曲线

图 5-6~图 5-13 中水泥基复合材料立方体抗压强度和流变参数关系曲线关系式如式(5-2)~式(5-9)所示。

$$f_{\tau/N(P=0)} = (1.552\ 9E-7)\tau^3 + 1.783E\tau^2 -$$
$$3.691 \times 10^{-2}\tau + 56.292$$
$$R^2 = 0.905 \tag{5-2}$$

$$f_{\tau/N(P=1.2)} = (1.099\ 6E-7)\tau^3 + (1.291\ 37E-4)\tau^2 -$$
$$0.017\ 11\tau + 50.807$$
$$R^2 = 0.869 \tag{5-3}$$

$$f_{\eta/N(P=0)} = 0.003\ 3\eta^3 + 0.211\ 6\eta^2 - 3.724\ 5\eta + 74.958\ 8$$
$$R^2 = 0.966 \tag{5-4}$$

$$f_{\eta/N(P=1.2)} = -1.68 \times 10^{-3}\eta^3 + 0.151\ 57\eta^2 -$$
$$4.030\ 48\eta + 90.451$$
$$R^2 = 0.727 \tag{5-5}$$

$$f_{\tau/P(N=0)} = (5.728\ 3E-6)\tau^3 + 7.44 \times 10^{-3}\tau^2 +$$

$$3.119\,8\tau - 359.783\,9$$
$$R^2 = 0.982 \tag{5-6}$$
$$f_{\tau/P(N=1.5)} = (1.345\,1E-6)\tau^3 - 3.03 \times 10^{-3}\tau^2 -$$
$$2.229\,8\tau - 456.907\,5$$
$$R^2 = 0.701 \tag{5-7}$$
$$f_{\eta/P(N=0)} = 9.2 \times 10^{-3}\eta^3 - 0.711\,2\eta^2 + 17.270\,4\eta - 69.368$$
$$R^2 = 0.955 \tag{5-8}$$
$$f_{\eta/P(N=1.5)} = 2.11 \times 10^{-2}\eta^3 - 2.019\,8\eta^2 + 63.354\,2\eta - 584.958\,9$$
$$R^2 = 0.643 \tag{5-9}$$

$f_{c/N(P=0)}$、$f_{c/N(P=1.2)}$ 分别表示 PVA 纤维体积掺量为 0、1.2% 时，水泥基复合材料静态屈服应力所对应的抗压强度。

$f_{\eta/N(p=1.2)}$、$f_{\eta/N(P=0)}$ 分别表示 PVA 纤维体积掺量为 0、1.2% 时，水泥基复合材料塑性黏度所对应的抗压强度。

$f_{c/P(N=0)}$、$f_{c/P(N=1.5)}$ 分别表示纳米 SiO$_2$ 质量掺量为 0 和 1.5% 时，水泥基复合材料静态屈服应力所对应的抗压强度。

$f_{\eta/P(N=0)}$、$f_{\eta/P(N=1.5)}$ 分别表示纳米 SiO$_2$ 质量掺量为 0 和 1.5% 时，水泥基复合材料塑性黏度所对应的抗压强度。

τ、η 分别表示静态屈服应力和塑性黏度。

由图 5~6~图 5~13 可知，水泥基复合材料立方体抗压强度与流变参数间存在相关性。在单掺纳米 SiO$_2$ 和单掺 PVA 纤维水泥基复合材料试验中，抗压强度与屈服应力和塑性黏度间均呈现较好的三次项相关，拟合相关系数达到 0.9 以上。随着水泥基复合材料静态屈服应力和塑性黏度的增加，立方体抗压强度呈现先增大后减小的趋势。在纳米和纤维复合改性水泥基复合材料试验中，由于纳米 SiO$_2$ 和 PVA 纤维在不同尺度上进行改性，可能是导致抗压强度与静态屈服应力和塑性黏度间相关性不高的原因。

5.4　小　结

本章按照相关规范,通过进行纳米 SiO_2 和 PVA 纤维增强水泥基复合材料立方体抗压强度试验,分析了纳米 SiO_2、PVA 纤维和聚羧酸减水剂的掺量对水泥基复合材料抗压强度的影响,并得出以下结论:

(1)纳米 SiO_2 质量掺量在一定范围内时(质量掺量为 0~1.5%),随着纳米 SiO_2 掺量的增加,水泥基复合材料的抗压强度不断增大;当纳米 SiO_2 掺量继续增加(掺量为 1.5%~2.5%)时,水泥基复合材料的抗压强度呈现不断下降趋势。本试验中纳米 SiO_2 的最佳掺量为 1.5%。

(2)PVA 纤维体积掺量在一定范围内时(体积掺量为 0~0.6%),随着 PVA 纤维掺量的增加,水泥基复合材料的抗压强度不断增大;当 PVA 纤维掺量继续增加(体积掺量为 0.6%~1.5%),水泥基复合材料的抗压强度不断下降。本试验中 PVA 纤维的最佳掺量为 0.6%。

(3)聚羧酸减水剂掺量在一定范围内时(掺量为 0~1.0%),随着聚羧酸减水剂掺量的增加,水泥基复合材料的立方体抗压强度略微下降。

(4)通过水泥基复合材料力学性能与流变性能拟合分析,在单掺纳米 SiO_2 或 PVA 纤维的试验中,水泥基复合材料力学性能与流变性能呈现较好的三次项相关。在纳米 SiO_2 或 PVA 纤维复合作用下,水泥基复合材料力学性能与流变性能相关性较差。

第 6 章 纳米 SiO_2 和 PVA 纤维 增强水泥基复合材料高温试验

6.1 引 言

水泥基复合材料是一种热惰性材料,其导热性能较差,在高温作用时间不长时,自身并不会燃烧释放热量。然而,随着作用温度的不断升高及作用时间的延长,水泥基复合材料的内部将发生一系列复杂的物理化学反应,进而造成其出现明显的物理力学性能的损失及剧烈的应力重分布,且可能产生高温炸裂现象,导致结构损伤和承载力下降。通过以往的研究显示,水泥基复合材料高温后的物理变化主要表现为:表观(颜色、裂缝、掉皮、缺角、疏松)变化及出现高温爆裂现象。而导致这种炸裂现象的原理主要可通过蒸气压理论和热应力理论进行分析。蒸气压理论认为:当水泥基复合材料附近环境温度不断升高时,由于材料内部不同深度的水蒸气溢出速度不同,导致在水泥基材料内部由浅至深将形成干燥区、蒸汽区和潮湿区,蒸汽区的蒸汽压力大于水泥基材料的抗拉强度时,就会造成爆裂现象。而热应力理论则认为:随着水泥基材料受热温度的不断升高,水泥基材料将由表及里产生高低不等的温度梯度,这时当热膨胀不均匀产生的拉应力大于水泥基材料的抗拉强度时,水泥基材料表面会出现炸裂剥落。

因此,针对水泥基复合材料高温后所发生的一系列物理变化现象进行观察研究,则有利于对水泥基材料高温后性能进行评价。由于目前针对纤维和纳米增强水泥基复合材料高温后物理性能的

研究较少,故本书将通过采用 5 ℃/min 的升温速率,最高温度为
800 ℃的高温加热试验,研究一定掺量的纤维和纳米增强水泥基
复合材料高温前后的试验现象、表观特征及质量损失与温度之间
的规律。

6.2　高温处理

6.2.1　升温处理过程

　　用于高温后力学性能试验的试件,首先要进行高温处理。本
试验高温处理采用如图 6-1(a)所示的高温电炉进行升温,该电炉
为天津市中环电炉有限公司生产的 SX-G80133 节能箱式电炉,其
炉膛尺寸为 500 mm×400 mm×400 mm,加热元件是硅碳棒,其额
定电压为 380 V,额定温度是 1 300 ℃。将试件放入高温电炉后按
试验设置的温度梯度调节好,会在仪器自动控制下升温,达到设定
温度后可自动保持恒温,这样既模拟了水泥基材料持续经受高温
的情况,也在高温电炉内体现出火灾高温环境下持续升温恒温的
情况,恒温持续时长是在升温前设定的。参照《建筑设计防火规
范》(GB 50016—2014)提供的各材料构件的耐火等级,本试验设
定的恒温时长均为 120 min,这样可以保证试件中心温度与炉内温
度基本一致。本书试验设定的目标温度分别为 25 ℃、100 ℃、200
℃、300 ℃、400 ℃、600 ℃和 800 ℃,高温时将以 5 ℃/min 的平均
升温速率进行加热。因而,将试块从养护室取出后需要放置在干
燥、自然通风环境中 30 d,使试件含水率降至正常状态,然后进行
高温加热。本试验每组配合比除常温对比试块外,其余试块都得
进行高温处理,在加热过程中,试块与试块之间应留有一定间隙,
以防相互影响。

高温前后所需要做的工作主要有：

（1）将达到养护龄期的试件从养护室取出自然风干后，称量常温下的质量并做好记录。

（2）由于试块较多，炉膛内空间有限，要准确记录放入炉内的组别及批次。

（3）待恒温时长结束后停止加热，打开炉门将需要喷水冷却的试件取出进行喷水降温，需要自然冷却的待炉内温度降至室温后取出即可，并进行试块外观特征的记录及高温处理后试件的称量。然后在室内放置 3 d 方可进行相关力学性能研究。

(a)高温电炉　　　　(b)高温炉内试块　　　　(c)高温中试块

图 6-1　高温处理过程

6.2.2　喷水冷却处理过程

将经过高温恒温结束的试块从高温炉膛内取出，放置在安全空旷场地，采用自来水管进行喷水降温，即可模拟水泥基复合材料试件经受火灾持续高温后喷水扑火，以及扑灭火势后的符合实际火灾冷却降温的状态。喷水的过程中发现，试块经 200 ~ 400 ℃ 高温后，进行降温的过程中试块表面出现较为显著的雾气，并持续

3~4 min 后水气消失,经 600~800 ℃高温后的试块,在喷水降温
的过程中表面将出现大量的雾气,并持续 5~6 min 后消散。喷水
冷却后的试件在室内放置 3 d 后进行各项力学性能测试。具体的
高温喷水冷却降温试验如图 6-2 所示。

(a)200 ℃降温　　　　(b)400 ℃降温　　　　(c)600 ℃降温

图 6-2　高温后喷水降温处理过程

6.3　高温试验观测分析

6.3.1　高温时试验现象

　　试块在升温过程中,当高温炉内温度达到 200 ℃左右时,电炉
炉门处开始有少量可见水蒸气冒出,且散发着像塑料烧焦的难闻
气体;当炉内温度保持 200 ℃一定时间后会发现有少量水滴从炉
口上沿接缝处渗出;当炉内温度达到 300~400 ℃时,水蒸气明显
增多,当炉内温度上升至 400 ℃左右时,将有大量浓烟冒出并伴随
着刺鼻性气味儿,这一过程在持续大约 15 min 后观察到浓烟冒出
的速率在减慢,但炉口上沿会挂有大量水珠;当炉内温度继续升高
达到 550 ℃以上时,水蒸气逐渐减少并持续较长时间,直至水蒸气
基本消散。在温度升至 400 ℃、600 ℃、800 ℃时,会听到高温炉内
有爆裂声,会有个别纳米 SiO_2 增强水泥基复合材料试块和普通水

泥基复合材料试块出现爆裂现象,如图 6-3 所示。而 PVA 纤维增强水泥基复合材料试件在整个高温过程中没有出现爆裂剥落现象,说明 PVA 纤维有阻爆裂能力。

图 6-3　未掺纤维的水泥基材料试件炸裂现象

出现上述高温试验现象的原因主要是:温度在 100～200 ℃时,试件中多余的水分开始蒸发,属于物理脱水,主要是自由水的蒸发;温度在 300～500 ℃时,有大量自由水及水化物 C–S–H 的结晶水脱离化学键束缚,逐渐从材料内部溢出经过高温脱水;温度超过 550 ℃时,自由水和结合水基本蒸发完毕,水化产物开始分解。对照组试件和掺加纳米 SiO_2 的试块出现高温炸裂是一种脆性破坏,这种现象可由蒸汽压理论和热应力理论解释,如图 6-4 所示。而掺加 PVA 纤维的水泥基材料由于高温作用导致了纤维熔断,形成的孔洞为释放水蒸汽提供了通道,同时水泥基复合材料中纵横交织的纤维将形成孔隙空间网络,可大幅增加材料的渗透性,减慢了水压力的上升速率,从而有效地防止了产生炸裂现象,如图 6-5

所示。

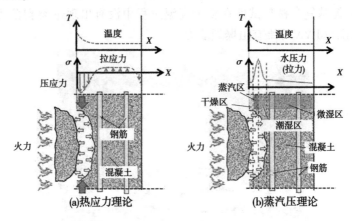

图 6-4　爆裂机制

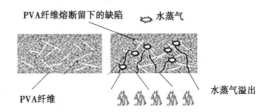

图 6-5　PVA 纤维阻裂机制

6.3.2　高温后试件表观特征变化及断面分析

　　通过试验发现,不同配合比的试块经受不同持续时间的高温作用后表观现象的变化规律基本相同,表现出的特征是,随着温度升高,水泥基复合材料试件表面颜色由深逐渐变浅,也会出现表面损伤,包括裂缝及龟裂剥落等其他损伤的情况。高温后试件的物理性能变化见表 6-1,试件高温后自然冷却外观变化见图 6-6,试件高温后喷水冷却外观变化如图 6-7 所示。

表 6-1　高温后试件的物理性能变化

温度/℃	表观颜色		裂缝情况		缺角	掉皮	疏松
	自然冷却	喷水冷却	自然冷却	喷水冷却			
25	青灰色	—	无	—	无	无	无
100	青灰色	—	无	—	无	无	无
200	青灰色	暗灰色	无	少量裂缝	无	无	无
300	黄褐色	—	无	—	无	无	无
400	黄褐色	黄褐色	极少细微	较多裂缝	无	无	无
600	灰色	黄褐色	少、细微	裂缝遍布	无	少量	轻度
800	灰白色	灰白色	较多	裂缝遍布	少量	少量	中度

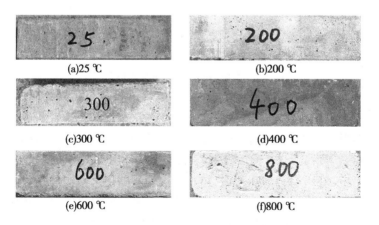

(a)25 ℃　　　　　　　　　(b)200 ℃

(c)300 ℃　　　　　　　　　(d)400 ℃

(e)600 ℃　　　　　　　　　(f)800 ℃

图 6-6　高温后自然冷却试件颜色变化

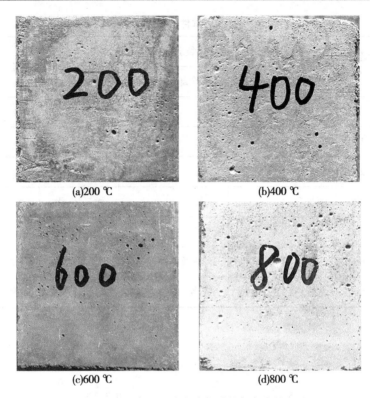

(a)200 ℃　　　　　　　　　　(b)400 ℃

(c)600 ℃　　　　　　　　　　(d)800 ℃

图 6-7　高温后喷水冷却试件颜色变化

　　试验观察到,纳米 SiO_2 和 PVA 纤维增强水泥基复合材料试块经受低于 200 ℃高温作用后,试件的外表面颜色均为青灰色,与常温状态下相比并没有显著变化,且试块表面基本无裂缝或细小裂缝;温度高于 300 ℃后,试件表面颜色逐渐由黄褐色转变为灰白色;温度在不高于 600 ℃时,试件经高温后的损失不明显,表面会出现轻微的裂纹;600 ℃高温时,试件表面呈现为灰色,细小裂缝增多,同时小裂缝长度开始增加;而 800 ℃高温后的试件表面颜色变化显著,呈现灰白色,损伤程度严重,试件表面出现大量的细小裂缝且掉皮、疏松严重。然而,高温后试件经喷水冷却后,200 ℃

时,试件的表面颜色变为暗灰色,表面出现裂缝,400 ℃高温后,试件颜色变为灰色或黄褐色,同时试件表面裂缝增多、出现掉皮、龟裂现象;经 600 ℃高温后,试件的颜色变为灰白色,且试件表面裂缝显著增多,表面掉皮明显;800 ℃时,试件表面颜色同样是灰白色,但试件表面掉皮严重,且裂纹遍布、表面脱落显著。超过 400 ℃高温后,试件出现开裂现象主要由于其内部的 C-S-H 凝胶和钙矾石 AFt 开始脱水分解所致。通过敲击试件会听到不同的声音变化:声音响亮且沉重(200 ℃)→声音变清脆(200~400 ℃)→声音开始变低沉酥脆(600 ℃)→声音明显沉闷(800 ℃)。

图 6-8 为纳米 SiO_2 和 PVA 纤维增强水泥基复合材料试块在 25 ℃、200 ℃、400 ℃、600 ℃时的断面图,发现在 200 ℃时试件边缘处出现红棕色纤维,纤维出现拔断破坏或拔出破坏,且随着温度的升高,断面内的颜色由内及外逐渐变浅,内部孔隙率和孔隙直径显著增大,同时掺加 PVA 纤维的试块在 400 ℃时 PVA 纤维已全部熔断,会有大量 PVA 纤维熔断留下的黑色孔洞,大量的孔隙加快了蒸汽压力的释放,从而有效地避免了 PVA-FRCC 在高温的过程中出现炸裂现象。

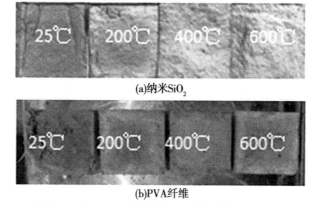

(a)纳米SiO_2

(b)PVA纤维

图 6-8　纳米 SiO_2 和 PVA 纤维增强水泥基复合材料不同温度下断面

6.4　高温后质量损失

水泥基复合材料高温后物理力学性能发生变化的原因是高温改变了水泥基材料内部的微观组成及结构,相关研究表明,温度升高造成试块的质量损失主要包括自由水、孔隙水、化学结合水的蒸发、纤维熔断、水化硅酸钙脱水分解及碳酸钙分解,这部分损失可通过称量试块高温前后的质量按式(6-1)计算质量烧失率来反映高温对水泥基复合材料物理性能的影响。水泥基复合材料在经受高温后微观结构的变化大致可分为三个阶段,如图 6-9 所示。即常温至 400 ℃左右,自由水、吸附水、层间水、化学结晶水、孔隙水蒸发;400~600 ℃,Ca(OH)$_2$ 分解及 C-S-H 凝胶胶结能力丧失;大于600 ℃时,碳酸盐开始分解,同时 C-S-H 凝胶还将进一步分解成 β型硅酸二钙。

$$I = \frac{M - M_f}{M} \times 100\% \qquad (6-1)$$

式中:I 为试块的烧失率;M 为高温前试件质量;M_f 为高温后试件质量。

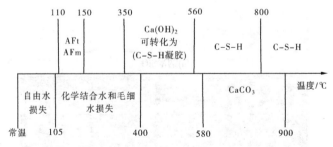

图 6-9　水泥基复合材料高温后微观结构的变化

表 6-2 给出了每种配合比的纳米 SiO_2 和 PVA 纤维增强水泥基复合材料不同尺寸试件在加热前后的质量变化值，用高温前后的质量通过式(6-1)可计算出不同温度下的质量烧失率，水分损失率的大小能侧面反映出高温对水泥基材料内部的损伤程度。表 6-3 即为不同尺寸试件经受不同阶段高温后的质量损失率。表中的试件尺寸"大、中、小"分别代表 100 mm×100 mm×100 mm 的立方体试块、70.7 m×70.7 m×70.7 m 的立方体试块及 40 m×40 m×160 m 的棱柱体试块。

表 6-2　高温后不同尺寸试块的质量变化　　　单位:g

配合比编号	试件尺寸	25 ℃	100 ℃	200 ℃	300 ℃	400 ℃	600 ℃	800 ℃
M-0	大	2 018	1 985	1 915	1 869	1 758	1 677	1 618
	中	707	686	668	643	623	594	572
	小	512	492	473	455	441	426	409
P-0.3	大	2 051	2 028	1 901	1 823	1 769	1 706	1 678
	中	724	697	679	658	624	604	586
	小	529	497	479	450	435	416	405
P-0.6	大	2 056	1 997	1 938	1 878	1 752	1 647	1 609
	中	711	678	646	623	615	600	588
	小	527	495	478	451	438	426	409
P-0.9	大	1 997	1 958	1 909	1 875	1 741	1 677	1 623
	中	714	695	668	647	617	600	586
	小	531	507	469	453	437	419	406
P-1.2	大	1 992	1 966	1 880	1 836	1 716	1 607	1 579
	中	709	688	667	648	607	574	558
	小	539	516	487	439	423	402	386
P-1.5	大	1 991	1 935	1 883	1 786	1 635	1 593	1 516
	中	717	696	667	642	605	573	548
	小	528	498	461	438	409	388	364

续表 6-2

配合比编号	试件尺寸	25 ℃	100 ℃	200 ℃	300 ℃	400 ℃	600 ℃	800 ℃
N-1.0	大	2 004	1 989	1 904	1 839	1 757	1 672	1 627
	中	715	685	662	632	609	579	548
	小	509	483	456	423	404	387	369
N-1.5	大	2 025	1 986	1 896	1 843	1 733	1 661	1 597
	中	713	691	656	632	613	589	563
	小	514	485	461	443	417	396	376
N-2.0	大	2 015	1 970	1 907	1 858	1 707	1 668	1 601
	中	726	689	674	645	615	585	569
	小	518	493	473	462	444	423	401
N-2.5	大	1 957	1 896	1 847	1 786	1 718	1 621	1 579
	中	717	683	664	635	617	596	573
	小	510	488	466	443	418	395	379

表 6-3　不同温度高温后的质量损失率　　　　　　%

配合比编号	试件尺寸	100 ℃	200 ℃	300 ℃	400 ℃	600 ℃	800 ℃
M-0	大	1.62	5.10	7.38	12.21	16.90	19.31
	中	2.97	5.52	9.05	11.88	15.98	19.09
	小	3.91	7.62	11.13	13.87	16.80	20.12
P-0.3	大	1.12	7.31	11.12	13.75	16.82	18.19
	中	3.73	6.22	9.12	13.81	16.58	19.06
	小	6.05	9.45	14.93	17.77	21.36	23.44
P-0.6	大	2.87	5.74	8.66	14.79	19.89	21.74
	中	4.64	9.14	12.38	13.50	15.61	17.30
	小	6.07	9.29	14.42	16.89	19.17	22.39
P-0.9	大	1.95	4.41	6.11	12.82	16.02	18.73
	中	2.66	6.44	9.38	13.59	15.97	17.93
	小	4.52	11.68	14.69	17.70	21.09	23.54

续表 6-3

配合比编号	试件尺寸	100 ℃	200 ℃	300 ℃	400 ℃	600 ℃	800 ℃
	大	1.31	5.62	7.83	13.86	19.33	20.73
P-1.2	中	2.96	5.92	8.60	14.39	19.04	21.30
	小	4.27	9.65	18.55	21.52	25.42	28.38
	大	2.81	5.42	10.30	17.88	19.98	23.86
P-1.5	中	2.93	6.97	10.46	15.62	20.08	23.57
	小	5.68	12.69	17.05	22.54	26.52	31.06
	大	0.75	4.98	8.23	12.34	16.56	18.79
N-1.0	中	4.20	7.41	11.61	14.83	19.02	23.36
	小	5.11	10.41	16.89	20.63	23.96	24.89
	大	1.93	6.37	8.99	14.42	17.98	21.14
N-1.5	中	3.09	7.99	11.36	14.03	17.39	21.04
	小	5.64	10.31	13.81	18.87	22.96	26.85
	大	2.23	5.36	7.79	15.28	17.22	20.55
N-2.0	中	5.10	7.16	11.16	15.29	19.42	21.62
	小	4.83	8.69	10.81	14.29	18.34	22.58
	大	3.12	5.62	8.74	12.88	17.17	19.82
N-2.5	中	4.74	7.39	11.44	13.95	16.88	20.08
	小	4.31	8.63	13.14	18.04	22.55	25.68

6.4.1　高温后 PVA 纤维增强水泥基复合材料的质量损失

根据表 6-3 显示的数据规律,本书选取试件尺寸"大"代表 100 mm×100 mm×100 mm 的立方体试块对应的数据进行分析。图 6-10 显示了不同体积掺量的 PVA 纤维增强水泥基复合材料试件的质量损失率与温度之间的关系。由图 6-10 可以看出,试件的质量损失率随温度从 0 ℃加热到 800 ℃的过程而不断增加,且 PVA-FRCC 高温后的质量损失率可大致分为三个阶段,当加热温度低于 200 ℃时,试件的质量损失率较小且基本都低于 5%,增长速率较平缓,这时的最大损失率也仅有 6.31%。当加热温度处于 200~400 ℃时,这一阶段试件的质量损失率显著增加且变化速率明显加快,在 400 ℃高温后各试件的最大质量损失率已达到 17.88%。随后继续增加温度至 600 ℃时,试件的质量损失率仍在不断增大,但增长速率已经开始减慢,最大增长幅度在 4%左右。当加热温度达到 800 ℃时,试件的质量损失增长速率明显降低,800 ℃时的 PVA-FRCC 质量损失率仅为 80%左右。此外,还观察到 PVA 纤维的体积掺量达到 1.2%、1.5%时的 PVA-FRCC 试件的质量损失率高于对照组。

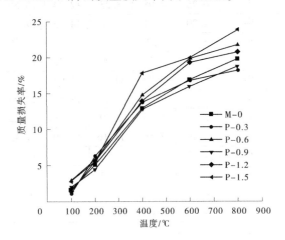

图 6-10　不同加热温度下 PVA 纤维增强水泥基复合材料的质量损失率

　　试件的质量损失率发生如图 6-10 所示的变化规律主要与高温后试件基体内各类水分的散失有关,PVA-FRCC 试件高温后的质量损失大体上可分为以下几个阶段:

　　(1)温度低于 200 ℃时,试件的质量损失主要由少量自由水的散失引起,这部分水分从基体内蒸发至外部后会使基体收缩而造成基体孔结构发生变化,且使基体内部产生了较多细小的微裂缝。通过掺加不同掺量的 PVA 纤维,不仅可以降低水泥基复合材料内部微裂缝开裂造成的应力集中,有效抑制裂缝开裂速率,还可以提高水泥基材料的密实度,降低孔隙率,减少水分的蒸发,所以该试件的质量损失率低于对照组砂浆试件。同时观察到在 200 ℃时,PVA 纤维体积掺量为 0.9% 时,试件的质量损失率最低,即内部结构损伤程度最小。当 PVA 纤维体积掺量达到 1.2%、1.5%时,会出现纤维的团聚现象进而导致搅拌不均匀,造成水泥基材料内部孔隙率增大,引起高温过程中水分蒸发过快,质量损失增加。

(2)当加热温度从 200 ℃升高至 400 ℃时,试件中大量的自由水、胶凝材料中的化学结晶水、孔隙水等依次蒸发或分解,同时大量的 PVA 纤维发生高温熔断以及部分水化产物高温分解并发生一系列复杂的物理化学反应,内部微观结构损伤严重,经受 400 ℃高温后的 PVA-FRCC 试件,PVA 纤维基本全部熔断,留下大量孔洞,使微裂缝形成连通裂缝,为水分的蒸发提供了通道,加速了质量损失,且纤维掺量越大质量损失愈严重。

(3)400~600 ℃时,质量损失主要来源于 $Ca(OH)_2$ 的分解及C-S-H 凝胶胶结能力的丧失。

(4)加热温度大于 600 ℃时,水泥基复合材料试件的质量损失增长变得平稳,此时基体内部水分已蒸发完毕,试件内部 PVA纤维熔断完全,碳酸盐开始分解,同时 C-S-H 凝胶还将进一步分解成 β 型硅酸二钙。

6.4.2　高温后纳米 SiO_2 增强水泥基复合材料的质量损失

图 6-11 显示了不同掺量的纳米 SiO_2 增强水泥基复合材料试块经受不同高温后的质量损失率与温度间的关系,可以观察到,从总体来看,纳米 SiO_2 增强水泥基复合材料试件的质量损失率随温度的升高而逐渐增大。

加热温度低于 200 ℃时,试件的质量损失较为平缓,最大损失率仅为 6.37%,原因是在该阶段有少量自由水流失。加热温度在

200~600 ℃时,试件质量损失率的增长速率明显加剧,尤其在 400
℃之前直线斜率最陡,高温后的质量损失最严重,质量损失率为
4.98%~15.28%;随着加热温度继续增加,水泥基复合材料的质量
损失仍在增大但基本稳定,增长幅度不大。在 600~800 ℃,对照
组试件质量损失率变化了 2.92%,而掺加纳米 SiO_2 的水泥基复合
材料试块最大的质量损失率也仅增大了 3.3%左右。低掺量的纳
米 SiO_2 增强水泥基复合材料试块在整个高温过程中的质量损失
率都低于对照组试件;当纳米 SiO_2 掺量较大时,纳米增强的水泥
基复合材料试件质量损失率要高于对照组试块。产生这种结果的
主要原因是掺入低掺量的纳米 SiO_2 会提高水泥基体的密实度,降
低内部孔隙率,使基体内所包含的自由水较少,这促使在高温过程
中自由水蒸发变少,所以质量损失率就低。而纳米 SiO_2 掺量较大
时,由于纳米材料比表面积较大,会产生聚集现象,造成基体内部
孔隙变大,从而使水泥基复合材料试件在加热时会有更多的水分
蒸发,故导致质量损失率变大。

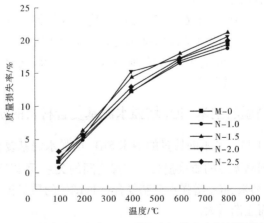

图 6-11　不同高温下纳米 SiO_2 增强水泥基复合材料质量损失率

6.5　小　结

本章通过高温试验,对纳米 SiO_2 和 PVA 纤维增强水泥基复合材料试块在高温过程中的试验现象、表观(颜色、裂缝、掉皮、缺角、疏松)变化进行观察并对高温后的质量损失进行了研究,得到以下主要结论:

(1)当温度低于 300 ℃时,PVA 纤维和纳米 SiO_2 增强水泥基复合材料试块的表观颜色和形貌与常温下相比无显著变化,均表现为混凝土色,此过程均未出现炸裂现象;400～600 ℃时,试件呈现黄褐色、暗灰色,表观微裂纹逐渐增多,且微裂纹会慢慢变长,有轻微酥松;当温度达到 800 ℃时,试件颜色将变为灰白色,表面大量掉皮,出现龟裂,开裂严重且基本酥脆。

(2)通过高温加热试验观察到不同的 PVA 纤维体积掺量和纳米 SiO_2 质量掺量增强的水泥基复合材料试块经受不同高温后在外观形貌变化上表现出相同的规律,说明外观的颜色形貌变化受温度影响较大,与 PVA 纤维体积掺量和纳米 SiO_2 质量的掺量没有太大关系。

(3)通过高温试验发现 PVA 纤维和纳米 SiO_2 增强水泥基复合材料各尺寸试件的质量损失随温度的升高不断增大,温度在 100～200 ℃时,各试块的质量损失还处在一个较为平缓的增长阶段;温度在 200～400 ℃变化时,质量损失率增长速率明显变大;温度继续增高达到 600 ℃、800 ℃时,质量损失趋于稳定,800 ℃时的水泥基复合材料试件的剩余质量仅为常温下质量的 78% 左右。

第 7 章　PVA 纤维增强水泥基复合材料高温后力学性能

7.1　引　言

　　力学性能是硬化水泥基复合材料在工程应用中最重要的性能之一，PVA-FRCC 作为一种具有优异性能的新型高性能水泥基复合材料，国内外众多学者已针对水泥基复合材料常温下的力学性能展开了深入试验及研究，并取得了丰硕的成果。然而目前针对水泥基复合材料经受高温作用后力学性能的研究成果缺乏，尤其对 PVA-FRCC 高温后力学性能的研究颇少，近年来，建筑火灾越来越多，PVA-FRCC 的高温后力学性能亟需进一步明确。

　　本章通过查阅相关规范对 PVA-FRCC 进行 25～800 ℃高温后力学性能试验，主要包括立方体抗压强度试验、劈裂抗拉强度试验、轴心抗压强度试验及抗折强度试验，探究了不同温度和 PVA 纤维掺量对各力学强度的影响，同时在分析试验数据的基础上，通过拟合建立温度与各相对力学强度之间的函数关系，为深入研究 PVA-FRCC 的耐高温性能、评估火灾后 PVA-FRCC 结构构件的损伤程度，以及能够及时制订处理方案提供科学的试验依据与指导。

7.2　高温后力学性能试验方法

　　高温后力学性能试验主要包括轴心抗压强度试验、立方体抗压强度试验、劈裂抗拉强度试验和抗折强度试验，不同配合比下的

所有试验的具体工况见表 7-1。表中的数据表示每种工况浇筑的
试件个数。

表 7-1　水泥基复合材料高温后力学性能试验工况　单位：个

试验类别	冷却方式	25 ℃	100 ℃	200 ℃	300 ℃	400 ℃	600 ℃	800 ℃
立方体 抗压强度	自然冷却	3	3	3	3	3	3	3
	喷水冷却	3	3	3	3	3	3	3
抗折强度	自然冷却	3	3	3	3	3	3	3
	喷水冷却	3	3	3	3	3	3	3
劈裂 抗拉强度	自然冷却	3	3	3	3	3	3	3
	喷水冷却	3	3	3	3	3	3	3
轴心 抗压强度	—	3	3	3	3	3	3	3

7.2.1　高温加热试验

在进行力学性能试验前,首先要对所有试件进行高温处理。本
试验选用天津中环电炉有限公司生产的节能箱式电炉,其额定温度
为 1 300 ℃,最大升温速率为 10 ℃/min。具体操作步骤如下:

(1)将养护 28 d 后的试件移至室外通风处晾干。

(2)炉内放试件前应先让电炉在较低温度下空炉加热一次,
以免炉内温度过低影响后续高温过程。

(3)预加热完成后要按分配比进行加热,按试验设置的温度
梯度依次加热。

(4)加热完成后电炉运转显示窗口会闪烁出现 Stop,这时打
开炉门,冷却至室温即可。

7.2.2　高温后立方体抗压强度试验

本书立方体抗压强度试验将依据《建筑砂浆基本性能试验方
法》(JGJ 70—2009)的要求,试验在郑州大学水工结构试验大厅采

用上海华龙测试仪器股份有限公司生产的 200 t 电液伺服试验机上进行,上压板尺寸为直径 300 mm,下压板尺寸为 320 mm×320 mm,试验加载速度设为 1.5 kN/s。具体操作步骤为:

(1)将试件从养护室拿出后,擦拭干净表面,检查其外观并测量尺寸后放置在压力试验机下压板的中心。

(2)为确保承压面平整干净,选择了除成型面和底面外的任意面作为承压面,随后按压升降按钮调节压力机上压板。

(3)在上压板与试件承压上表面即将接触时适当调整试块的位置,使接触面均匀受压,才能开始试验,直至试件破坏后记录破坏荷载值。试验如图 7-1 所示。立方体抗压强度按式(7-1)计算:

$$f_{cu} = \frac{F}{A} \tag{7-1}$$

式中:f_{cu} 为立方体抗压强度,MPa;F 为试件的破坏荷载,N;A 为试件承压面面积,mm^2。

(a)实物图　　　　(b)示意图

图 7-1　立方体抗压强度试验

每个工况浇筑 3 个 70.7 mm×70.7 mm×70.7 mm 的立方体试块分别进行 3 次试验,立方体抗压强度值取 3 次试验的算术平均值。若 3 次试验实测值中有一个实测值与中间值的差值超过 15%,则取中间值为该组抗压强度实测值;若 3 次试验实测值中两个值与中间值的差值均超过 15%,则该组试验视为无效。

7.2.3　高温后劈裂抗拉强度试验

劈裂抗拉强度试验则需采用劈裂抗拉夹具进行,并自制木制垫条,宽度约 20 mm,长度略大于试块的长度,试验时应使垫条与试件成型时的顶面垂直,在上、下两个圆弧形垫块与试块之间放垫条,垫块与垫条要放置在试件的中心线上。劈裂抗拉强度试验也在 2 000 kN 微机控制压力试验机上进行。试验时,在压力机的上压面下降时不断调整试件、垫块的位置,保证接触均衡,可使压力通过垫块、垫条均匀地传给试块,加载速度为 1.5 kN/s,连续均匀加荷,直至试件破坏,记下破坏荷载。试验如图 7-2 所示,劈裂抗拉强度按式(7-2)计算:

$$f_{tx} = \frac{2F}{\pi A} = 0.637\frac{F}{A} \tag{7-2}$$

式中:f_{tx} 为劈裂抗拉强度,MPa;F 为试件破坏荷载,N;A 为试件破裂面面积,mm^2。

本试验每种工况做 3 次试验,劈裂抗拉强度取 3 次试验的算术平均值。

7.2.4　高温后轴心抗压强度试验

轴心抗压强度试验参照《钢丝网水泥用砂浆力学性能试验方法》(GB/T 7897—2008)中第 9 章的要求进行操作,试件尺寸采用 40 mm×40 mm×160 mm 的棱柱形试件,本书试验在郑州大学水工结构实验室的 300 kN 微机控制压力试验机上进行,试验前先将待

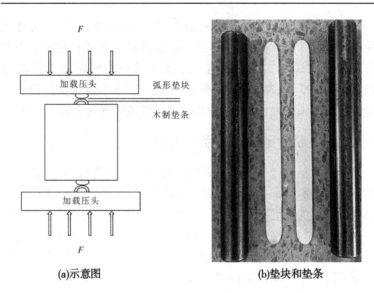

(a)示意图　　　　　　　　　　　　(b)垫块和垫条

图 7-2　劈裂抗拉强度试验

测试件从养护室取出擦拭干净表面,测量尺寸并检测外观,试件承压面的平整度及承压面与相邻面垂直度不满足误差要求的,用砂纸打磨后方可试验。试验时将试件的中心对准试验机上、下压板的中心,这时开动试验机,当上压板与试件接触时,先调整球座,保证接触均衡,加载速度设定为 1 kN/s,直至试件破坏时记录破坏荷载。试验如图 7-3 所示,轴心抗压强度按式(7-3)计算:

$$f_{cp} = \frac{F}{A} \tag{7-3}$$

式中:f_{cp} 为轴心抗压强度,MPa;F 为试件破坏荷载,N;A 为试件承压面面积,mm^2。

每个工况做 3 次试验,最终轴心抗压强度取 3 次试验的算术平均值。

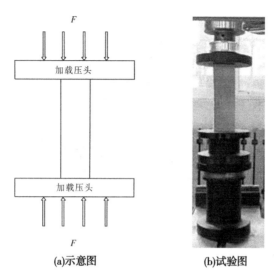

(a)示意图　　　　　　(b)试验图

图 7-3　轴心抗压强度试验

7.2.5　高温后抗折强度试验

水泥基砂浆抗折强度试验也是参照《钢丝网水泥用砂浆力学性能试验方法》(GB/T 7897—2008)中第 6 章的要求进行的,同样采用 40 mm×40 mm×160 mm 的棱柱形试件,本书试验在郑州大学水工结构实验室的 300 kN 微机控制压力试验机上进行,试验前也要将待测试块表面擦拭干净并检查外观及承压面的平整度,发现试件有明显缺陷(如其中一个试件中部 30 mm 范围内有直径大于 5 mm、深度大于 2 mm 的表面孔洞),则该组试件将视为无效组。试验开始前,首先将试件的一个侧面放在抗折试验机支撑圆柱上,应使加荷圆柱、支撑圆柱与试块承压的侧面接触并居中放置,本试验加载速度设置为 50 N/s,连续而均匀地加荷,直至试块破坏,记录破坏荷载及试块破坏位置。试验现场如图 7-4 所示。

图 7-4　抗折强度试验

抗折强度按式(7-4)和(7-5)计算:

$$R_f = \frac{1.5LF_f}{b^3} \qquad (7\text{-}4)$$

$$R_f = 0.234 \times 10^{-2} \qquad (7\text{-}5)$$

式中:R_f 为砂浆的抗折强度,MPa;F_f 为折断时施加于棱柱体试件中部的荷载,N;L 为支撑圆柱之间的距离,即为 100 mm;b 为棱柱体试件正方形截面的边长,即 40 mm。

每种工况做 3 次试验,抗折强度的最终值取 3 次试验的算术平均值,当三个测值中有一个超过中间值的 10%时,直接取中间值作为抗折强度的最终值;如果三个测值中有两个超过中间值的10%,则该组测量结果无效。

7.3　PVA-FRCC 高温后立方体抗压强度

7.3.1　试验现象

各配比的 PVA-FRCC 试件在经受不同温度高温作用后,进行立方体抗压强度试验时所展现出的受压破坏形态、试件变形程度、

出现裂缝的数目及裂缝发展趋势不尽相同,现将立方体抗压强度试验现象总结如下:

(1)25 ℃时,未掺加 PVA 纤维的试件在达到峰值荷载时发出"砰"的一声后会突然破坏,表现出脆性破坏特征,四周被压裂的大面积块体从试块表面脱落,表面被压裂的细小碎块四处飞溅,形成了环箍效应的形态。而掺加 PVA 纤维的试块随着受压荷载的增大,表面的微裂纹逐渐增多并进一步延伸,同时发出要撕裂的"吱吱"声,达到峰值荷载破坏后,试件的横截面明显增大,呈现向外鼓胀的状态,纤维掺量较少时会有小部分的碎块脱落,但大部分仍黏结为一个整体。PVA 纤维掺量越大,破坏时试件整体性越好。

(2)温度低于 200 ℃的 PVA-FRCC 试件,在加载的初期并不会出现裂缝,随着荷载的不断增大,才形成几条显著的裂缝并逐渐贯穿整个破裂面,承载力最终丧失而破坏,主裂缝会把试块分成几部分,仍被纤维连接着,没有分离。PVA-FRCC 试件破坏时能保持良好的整体性,发生塑性破坏。说明掺加 PVA 纤维提高了水泥基复合材料的变形能力,有效抑制了受荷时的横向膨胀。

(3)继续增加温度,PVA-FRCC 试件破裂时局部脱落逐渐增加,裂缝也逐步增多;当加热温度大于 400 ℃后,纤维全部熔断,PVA-FRCC 试件在加载初期就会沿着受热裂缝处逐渐发展,破坏时试件横向膨胀明显,局部脱落严重,试块不再完整;温度达到800 ℃时,试块变得酥脆,表现出和对照组相似的脆性破坏特征。图 7-5 显示了 25 ℃时不同纤维掺量的水泥基复合材料试块的破坏形态,图 7-6 显示了不同温度下 PVA 纤维体积掺量为 1.5%时试件的破坏形态。

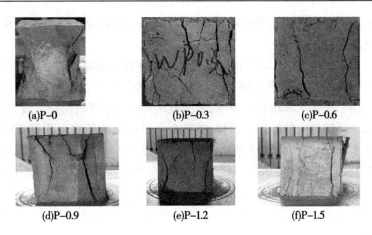

(a)P-0　　　　　　(b)P-0.3　　　　　　(c)P-0.6

(d)P-0.9　　　　　　(e)P-1.2　　　　　　(f)P-1.5

图 7-5　25 ℃时不同纤维掺量的水泥基复合材料试块的破坏形态

(a)25 ℃　　　　　　(b)200 ℃　　　　　　(c)300 ℃

(d)400 ℃　　　　　　(e)600 ℃　　　　　　(f)800 ℃

图 7-6　不同温度下 PVA 纤维体积掺量为 1.5%时试件的破坏形态

7.3.2　试验结果

参照 7.2.2 的试验方法,对 PVA-FRCC 进行立方体抗压强度
试验,结果如表 7-2 所示。

表 7-2 不同温度下 PVA-FRCC 立方体抗压强度 单位:MPa

温度/℃	PVA 纤维体积掺量/%					
	0	0.3	0.6	0.9	1.2	1.5
25	62.7	65.7	67.6	68.2	68.9	61.1
100	61.2	64.1	65.5	66.4	67.9	59.6
200	59.1	62.6	64.2	65.3	65.8	57.4
300	53.9	57.7	58.9	60.4	61.4	52.9
400	59.2	62.9	63.3	63.8	65.4	58.4
600	42.2	41.3	40.9	38.9	36.4	35.4
800	25.7	24.9	19.6	19.1	18.5	17.1

7.3.3 温度对 PVA-FRCC 立方体抗压强度的影响

表 7-3 给出了不同加热温度后 PVA-FRCC 试件的相对立方体抗压强度(高温后立方体抗压强度与常温下立方体抗压强度的比值),图 7-7、图 7-8 分别显示了高温后 PVA-FRCC 立方体抗压强度及相对立方体抗压强度与温度的关系。

表 7-3 不同温度下 PVA-FRCC 试件的相对立方体抗压强度 %

温度/℃	PVA 纤维体积掺量/%					
	0	0.3	0.6	0.9	1.2	1.5
25	100	100	100	100	100	100
100	97.6	97.6	96.9	97.4	98.5	97.5
200	94.3	95.3	94.9	95.7	95.5	93.9
300	85.9	87.8	87.1	88.6	89.1	86.6
400	94.4	95.7	93.6	93.5	94.9	95.6
600	67.3	62.9	60.5	57.0	52.8	57.9
800	40.9	37.9	29.0	28.0	26.9	28.0

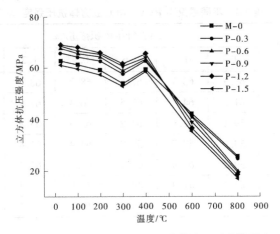

图 7-7　温度对 PVA-FRCC 立方体抗压强度的影响

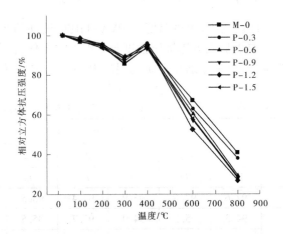

图 7-8　温度对 PVA-FRCC 相对立方体抗压强度的影响

从图 7-7、图 7-8 高温后 PVA-FRCC 立方体抗压强度及相对
立方体抗压强度变化趋势及表 7-3 可以看出,PVA-FRCC 的残余
立方体抗压强度随温度的不断增加大致呈现下降的趋势,300 ℃

之前下降较缓慢,300 ℃之后会发生骤降。各 PVA-FRCC 试件在 300 ℃高温后的相对立方体抗压强度在 90%左右。

具体来看,25~200 ℃,PVA-FRCC 高温后立方体抗压强度下降缓慢,几乎不变。相对立方体抗压强度在 95%左右,且 200 ℃时最大的残余抗压强度损失率仅为 6.1%,该阶段强度下降的原因是经 200 ℃高温后少量自由水蒸发而产生了孔洞和细小微裂缝。200~300 ℃,PVA-FRCC 残余抗压强度损失大的原因是,PVA 纤维开始熔断,基体内形成较多孔洞。300~600 ℃下降趋势显著,加热温度达到 600 ℃时 PVA-FRCC 的最小相对抗压强度为 52.8%,损失率为 47.2%;而 800 ℃时 PVA-FRCC 的最小相对抗压强度仅为 26.9%,损失率达 70%以上,同时此温度下基准组的立方体抗压强度和相对立方体抗压强度分别为 25.7 MPa、40.9%,都比 PVA-FRCC 大,说明经 800 ℃高温后掺 PVA 纤维对立方体抗压强度无影响,此时温度起主要作用。从图中还看到,400 ℃时 PVA-FRCC 的立方体抗压强度较 300 ℃时有不同幅度的提高,各 PVA 纤维体积掺量下的增幅为 8%左右。这是因为 400 ℃高温造成大量水分蒸发,水蒸气和温度的共同作用会使未水化水泥颗粒发生二次水化,增加了基体的密实度,提高了强度。由此看来,就立方体抗压强度而言,PVA-FRCC 试件受高温破坏的临界温度为 400 ℃。400~800 ℃残余立方体抗压强度骤降的重要原因是,高温促使了所有水分蒸发完毕,同时 PVA 纤维已全部熔断并留下大量的孔洞,且 400~600 ℃时 $Ca(OH)_2$ 的分解及 C-S-H 凝胶胶结能力的丧失导致裂缝增多;温度大于 600 ℃时,碳酸盐开始分解,同时 C-S-H 凝胶还将进一步分解成 β 型硅酸二钙,这些都是造成强度下降的重要因素。

7.3.4　PVA 纤维对高温后 PVA-FRCC 立方体抗压强度的影响

图 7-9 显示了 PVA 纤维体积掺量对高温后 PVA-FRCC 立方

体抗压强度的影响。由表 7-2 中立方体抗压强度的结果及图 7-9
可观察到,常温至 400 ℃高温后,PVA-FRCC 的立方体抗压强度
均高于普通水泥基复合材料,且 PVA 纤维体积掺量从 0% 增加到
1.5%时,各温度高温后的立方体抗压强度均呈现先增大后减小的
趋势,掺量在 1.2%时达到最大值,此时的立方体抗压强度分别为
68.9 MPa、67.9 MPa、65.8 MPa、61.4 MPa 增幅分别为 9.9%、
10.9%、11.3%、13.9%。而当温度达到 600 ℃、800 ℃时,PVA-
FRCC 高温后的立方体抗压强度随 PVA 纤维体积掺量的增加呈
逐渐降低,与基准组相比,纤维体积掺量为 1.5%的试件高温后的
立方体抗压强度分别下降 16.1%和 33.5%。说明掺加一定量的具
有较好黏结力的 PVA 纤维不仅在常温下能起到阻裂效应,抑制裂
缝的产生和发展,在未熔断时还可以较好地约束水泥基热变形,阻
碍裂缝发展,减少基体内部损伤,改善了抗压强度。同时少量的纤
维在 230 ℃开始熔断后能释放蒸汽压,但当掺量超过 1.5%时,则导
致纤维团聚,会增加更多的孔洞和缺陷,造成高温损伤,降低强度。

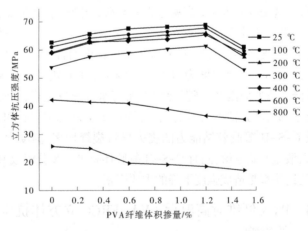

图 7-9　PVA 纤维体积掺量对高温后 PVA-FRCC 立方体抗压强度的影响

7.3.5　冷却方式对 PVA-FRCC 高温后立方体抗压强度的影响

本书还研究了经 200 ℃、400 ℃、600 ℃高温后在喷水冷却方式下各 PVA-FRCC 试件的立方体抗压强度,并与自然冷却下试件的强度进行对比,试验结果如表 7-4 所示。表 7-5 给出了不同冷却方式下的相对立方体抗压强度,图 7-10 显示了不同温度高温后冷却方式对 PVA-FRCC 立方体抗压强度的影响。

表 7-4　不同冷却方式 PVA-FRCC 立方体抗压强度

单位:MPa

温度/℃		PVA 纤维体积掺量/%					
		0	0.3	0.6	0.9	1.2	1.5
200	自然冷却	59.1	62.6	64.2	65.3	65.8	57.4
	喷水冷却	56.4	58.9	60.8	61.5	62.7	54.1
400	自然冷却	59.2	62.9	63.3	63.8	65.4	58.4
	喷水冷却	58.2	59.8	61.1	62.5	63.5	56.9
600	自然冷却	42.2	41.3	40.9	38.9	36.4	35.4
	喷水冷却	40.6	39.5	34.8	30.6	28.3	23.2

表 7-5　不同冷却方式 PVA-FRCC 相对立方体抗压强度　　%

温度/℃		PVA 纤维体积掺量/%					
		0	0.3	0.6	0.9	1.2	1.5
200	自然冷却	94.3	95.3	94.9	95.7	95.5	93.9
	喷水冷却	89.9	89.6	89.9	90.2	91.0	88.5
400	自然冷却	94.4	97.3	93.6	95.9	92.6	95.6
	喷水冷却	92.8	91.0	90.4	91.6	92.2	93.1
600	自然冷却	67.3	65.9	60.5	57.0	52.8	61.2
	喷水冷却	64.8	63.2	44.4	38.1	41.1	37.9

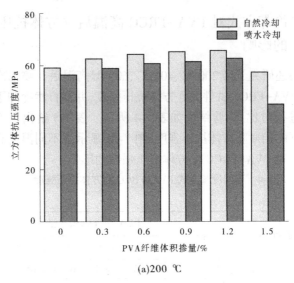

(a)200 ℃

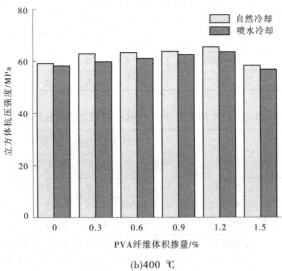

(b)400 ℃

图 7-10　高温后两种冷却方式立方体抗压强度的对比

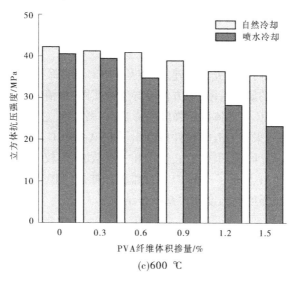

(c)600 ℃

续图 7-10

　　由表 7-4 中的数据及图 7-10 可以看出,经 200 ℃、400 ℃、
600 ℃高温后,PVA-FRCC 试件喷水冷却后的立方体抗压强度的
变化趋势与自然冷却下的变化趋势相同,即在 400 ℃高温后的立
方体抗压强度较 200 ℃有所提升,平均增幅为 3%,而经 600 ℃高
温后试件的立方体抗压强度损失显著,最大损失率已达 62.1%。
且 PVA-FRCC 试件喷水冷却后的立方体抗压强度均低于自然冷
却下的抗压强度,在 400 ℃之前两者相近,但经 600 ℃高温后,两
种冷却方式下的立方体抗压强度损失随纤维体积掺量的增加而逐
渐变大,纤维体积掺量为 1.5%时,喷水冷却后的强度较自然冷却
降幅约 23%。同时发现喷水冷却后的立方体抗压强度在 400 ℃之
前随 PVA 纤维体积掺量的增加而逐渐增大,最佳掺量为 1.2%。
说明喷水冷却会加剧高温损伤,温度越高且纤维掺量越大,喷水冷
却后试件内部恶化越严重,其强度低于自然冷却下的立方体抗压

强度。

7.3.6　PVA-FRCC 相对立方体抗压强度与温度的关系

目前,国内外研究者在建立 PVA-FRCC 的残余力学强度与温度关系方面的研究有限,为方便指导工程实践,更清晰地分析温度对 PVA-FRCC 立方体抗压强度的影响,本书根据立方体抗压强度的试验结果,采用 Origin 软件拟合出了 PVA-FRCC 相对立方体抗压强度与温度间的函数关系,选取相关系数 R^2 值较大的所对应的函数。图 7-11 显示了不同 PVA 纤维体积掺量的 PVA-FRCC 相对立方体抗压强度与温度的关系拟合结果。

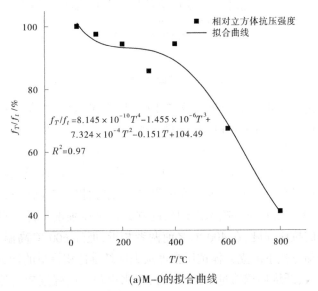

(a)M-0的拟合曲线

图 7-11　PVA-FRCC 相对立方体抗压强度与温度的关系拟合结果

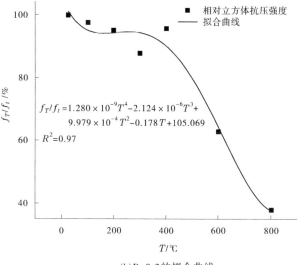

(b)P-0.3的拟合曲线

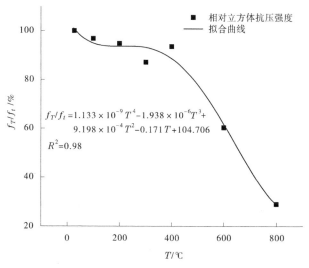

(c)P-0.6的拟合曲线

续图 7-11

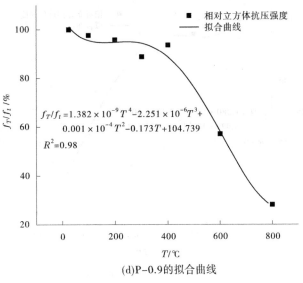

(d)P-0.9的拟合曲线

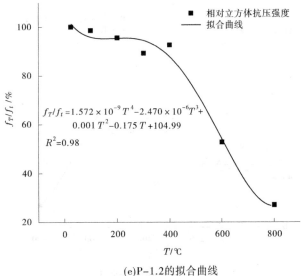

(e)P-1.2的拟合曲线

续图 7-11

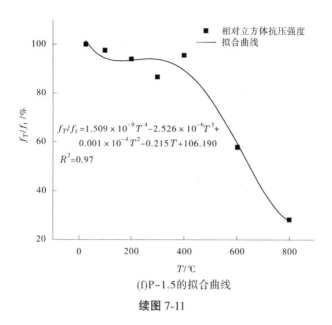

$$f_T/f_t = 1.509 \times 10^{-9} T^4 - 2.526 \times 10^{-6} T^3 + 0.001 \times 10^{-4} T^2 - 0.215 T + 106.190$$

$$R^2 = 0.97$$

(f)P-1.5的拟合曲线

续图 7-11

根据图 7-11 的拟合结果及相对立方体抗压强度与温度的关系可建立不同 PVA 纤维掺量的 PVA-FRCC 试件的立方体抗压强度与温度的函数关系,如式(7-6)～式(7-11)所示。

$$f_{T,M-0} = \begin{cases} f_{t,M-0}, T = 25 \ ℃ \\ f_{t,M-0}(8.145 \times 10^{-10} T^4 - 1.455 \times 10^{-6} T^3 + \\ \qquad 7.324 \times 10^{-4} T^2 - 0.151T + 104.49) \\ 25 \ ℃ < T \leqslant 800 \ ℃ \end{cases} \quad (7\text{-}6)$$

$$f_{T,P-0.3} = \begin{cases} f_{t,P-0.3}, T = 25 \ ℃ \\ f_{t,P-0.3}(1.280 \times 10^{-9} T^4 - 2.124 \times 10^{-6} T^3 + \\ \qquad 9.979 \times 10^{-4} T^2 - 0.178T + 105.07) \\ 25 \ ℃ < T \leqslant 800 \ ℃ \end{cases}$$

$$(7\text{-}7)$$

$$f_{T,P-0.6} = \begin{cases} f_{t,P-0.6}, T = 25\ ^{\circ}\!\text{C} \\ f_{t,P-0.6}(1.133 \times 10^{-9}T^4 - 1.938 \times 10^{-6}T^3 + \\ \qquad 9.198 \times 10^{-4}T^2 - 0.171T + 104.706) \\ 25\ ^{\circ}\!\text{C} < T \leqslant 800\ ^{\circ}\!\text{C} \end{cases}$$

$$(7-8)$$

$$f_{T,P-0.9} = \begin{cases} f_{t,P-0.9}, T = 25\ ^{\circ}\!\text{C} \\ f_{t,P-0.9}(1.382 \times 10^{-9}T^4 - 2.251 \times 10^{-6}T^3 + \\ \qquad 0.001 \times 10^{-4}T^2 - 0.173T + 104.739) \\ 25\ ^{\circ}\!\text{C} < T \leqslant 800\ ^{\circ}\!\text{C} \end{cases}$$

$$(7-9)$$

$$f_{T,P-1.2} = \begin{cases} f_{t,P-1.2}, T = 25\ ^{\circ}\!\text{C} \\ f_{t,P-1.2}(1.572 \times 10^{-9}T^4 - 2.470 \times 10^{-6}T^3 + \\ \qquad 0.001 \times 10^{-4}T^2 - 0.175T + 104.99) \\ 25\ ^{\circ}\!\text{C} < T \leqslant 800\ ^{\circ}\!\text{C} \end{cases}$$

$$(7-10)$$

$$f_{T,P-1.5} = \begin{cases} f_{t,P-1.5}, T = 25\ ^{\circ}\!\text{C} \\ f_{t,P-1.5}(1.509 \times 10^{-9}T^4 - 2.526 \times 10^{-6}T^3 + \\ \qquad 0.001 \times 10^{-4}T^2 - 0.215T + 106.190) \\ 25\ ^{\circ}\!\text{C} < T \leqslant 800\ ^{\circ}\!\text{C} \end{cases}$$

$$(7-11)$$

式中：$f_{t,M-0}$、$f_{t,P-0.3}$、$f_{t,P-0.6}$、$f_{t,P-0.9}$、$f_{t,P-1.2}$、$f_{t,P-1.5}$ 分别表示 PVA 纤维体积掺量为 0、0.3%、0.6%、0.9%、1.2% 和 1.5% 的试件在 25 ℃ 下的立方体抗压强度，$f_{T,M-0}$、$f_{T,P-0.3}$、$f_{T,P-0.6}$、$f_{T,P-0.9}$、$f_{T,P-1.2}$、$f_{T,P-1.5}$ 分别表示 PVA 纤维掺量为 0、0.3%、0.6%、0.9%、1.2% 和 1.5% 的试件在 T 温度下的立方体抗压强度。

7.4　PVA-FRCC 高温后劈裂抗拉强度

7.4.1　试验现象

经受不同温度高温后 PVA-FRCC 试件的劈裂抗拉试验破坏
形态总结如下：

(1)25 ℃时,未掺 PVA 纤维的试块在加载至峰值荷载破坏前
会在短时间内形成一条贯穿试件的主裂缝,然后听到清脆"砰"的
一声后突然破裂,被劈成两半,这条主裂缝较清晰,近似直线。所
有对照组的试块在不同温度下均表现为脆性破裂,只是当温度达
到 600 ℃、800 ℃的劈裂声音变得低沉酥脆。

(2)在 25 ℃及经受低于 200 ℃的高温时,PVA-FRCC 试件劈
裂破坏形态较未掺纤维的试件有所不同,即随着荷载逐级加载,先
产生少量微裂缝后慢慢形成一条主裂缝,破裂时只是沿着主裂缝
裂开并没有断成两半,由于 PVA 纤维的桥接作用,试件仍为一个
整体,在平行于破裂面上出现较多细小裂纹,属延性破坏。

(3)当温度大于 400 ℃时,由于 PVA 纤维的熔断,PVA-FRCC
试件的破裂表现为同未掺纤维时相似的脆性劈裂,即破裂前较短
时间会形成裂缝,然后突然破坏被劈成两半,听到清脆的"砰"的
声音,但温度进一步增加,声音会变得低沉酥脆。图 7-12 给出常
温下不同 PVA 纤维体积掺量 PVA-FRCC 劈裂抗拉的破坏形态。
图 7-13 给出不同温度下 PVA 纤维体积掺量为 1.5%时的 PVA-
FRCC 劈裂抗拉的破坏形态。

7.4.2　试验结果

参照 7.2.3 的试验方法,对 PVA-FRCC 进行劈裂抗拉强度试
验,结果如表 7-6 所示。

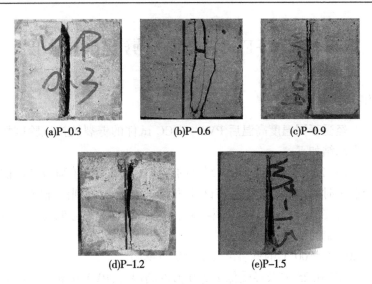

(a)P–0.3　　　　　　　(b)P–0.6　　　　　　　(c)P–0.9

(d)P–1.2　　　　　　　　(e)P–1.5

图 7-12　常温下不同 PVA 纤维体积掺量的 PVA–FRCC 劈裂形态

(a)25 ℃　　　　　　　(b)100 ℃　　　　　　　(c)200 ℃

(d)400 ℃　　　　　　　(e)600 ℃　　　　　　　(f)800 ℃

图 7-13　不同温度下 PVA 纤维体积掺量为 1.5% 时的 PVA–FRCC 劈裂形态

表 7-6　不同温度下 PVA-FRCC 劈裂抗拉强度　单位:MPa

温度/℃	PVA 纤维体积掺量/%					
	0	0.3	0.6	0.9	1.2	1.5
25	3.36	3.58	3.93	4.26	4.54	4.39
100	3.18	3.45	3.72	4.06	4.32	4.17
200	2.85	3.16	3.34	3.78	4.09	3.87
300	3.06	3.28	3.57	3.84	4.22	4.05
400	2.74	2.95	3.28	3.54	3.83	3.69
600	1.78	1.69	1.62	1.56	1.48	1.41
800	1.58	1.47	1.38	1.35	1.27	1.22

7.4.3　温度对 PVA-FRCC 劈裂抗拉强度的影响

表 7-7 给出了不同温度下 PVA-FRCC 相对劈裂抗拉强度结果,图 7-14、7-15 显示了劈裂抗拉强度和相对劈裂抗拉强度与温度的变化趋势。

表 7-7　不同温度下 PVA-FRCC 相对劈裂抗拉强度　%

温度/℃	PVA 纤维掺量/%					
	0	0.3	0.6	0.9	1.2	1.5
25	100	100	100	100	100	100
100	94.6	96.4	94.7	95.3	95.2	95.0
200	84.8	88.3	84.9	88.7	90.1	88.2
300	91.1	91.6	90.8	90.1	93.0	92.3
400	81.5	82.4	83.5	83.1	84.4	84.1
600	52.9	47.2	41.2	36.6	32.6	32.1
800	47.0	41.1	35.1	31.7	27.9	27.8

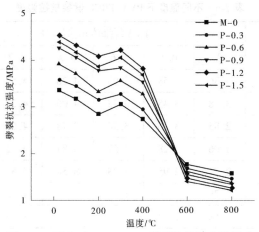

图 7-14　温度对 PVA-FRCC 劈裂抗拉强度的影响

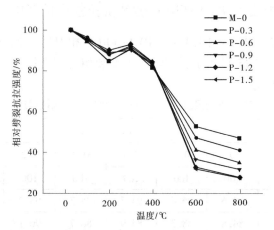

图 7-15　温度对 PVA-FRCC 相对劈裂抗拉强度的影响

由图 7-14、图 7-15 的变化趋势可以看出,PVA-FRCC 的劈裂
抗拉强度和相对劈裂抗拉强度都随温度的升高大体上呈现下降的
趋势,温度低于 200 ℃时,下降较缓慢,温度 300 ℃时劈裂抗拉强

度有不同程度的提高,但仍低于室温。300~600 ℃时的劈裂抗拉强度下降速率明显增大,说明劈裂抗拉强度高温破坏的临界温度是300 ℃;600~800 ℃时,强度仍继续下降,但速率变慢。具体来看,200 ℃时的相对劈裂抗拉强度平均为87.5%,降幅约12.5%。300 ℃时劈裂抗拉强度较 200 ℃时提高的最大幅度为6.3%,随温度的进一步增加,劈裂抗拉强度下降显著,400 ℃时的相对劈裂抗拉强度为83%左右,最小的相对强度是基准组的81.9%,损失率约20%;600 ℃时的相对劈裂抗拉强度最小为32.1%(PVA 纤维体积掺量为1.5%),损失率已达67.9%,800 ℃时的最大损失率为72.2%。

　　分析原因,PVA-FRCC 经受高温后基体内部会发生一系列复杂的反应,200 ℃温度作用后,有部分水蒸气溢出,使内部产生微裂缝和孔隙,但此时纤维还未熔断,仍有黏结力和一定的阻裂作用,所以下降速率较慢。300 ℃时有不同程度提高的原因是水分蒸发的过程中会与未水化的水泥颗粒发生二次水化反应及纤维的阻裂作用均能改善劈裂强度,但这种效果小于高温对劈裂抗拉强度造成的损伤,强度仍低于常温。300 ℃后劈裂抗拉强度下降明显,主要是水分大量蒸发及 PVA 纤维熔断使基体内部裂缝继续增加;400 ℃以后,$Ca(OH)_2$ 的分解及 C-S-H 凝胶胶结能力的丧失使内部劣化严重,基体内裂缝增多增大,造成 PVA-FRCC 劈裂抗拉强度的显著降低。

7.4.4　PVA 纤维对高温后 PVA-FRCC 劈裂抗拉强度的影响

　　高温后 PVA-FRCC 的劈裂抗拉强度和 PVA 纤维体积掺量的关系如图 7-16 所示。由图 7-16 可以看出,温度低于 400 ℃时,掺加 PVA 纤维对各试件的劈裂抗拉强度均有改善。随 PVA 纤维体积掺量的变化规律与抗压强度相同,在纤维体积掺量为 1.2%时劈裂抗拉强度取得最大值,25 ℃、200 ℃、300 ℃、400 ℃高温后,掺 1.2%PVA 纤维的试件劈裂抗拉强度较未掺 PVA 纤维的试件分

别提高了 35.1%、43.5%、37.9%、39.8%。而当温度升高至 600 ℃、
800 ℃时,由于此时纤维已完全熔断,丧失了对基体的黏结力,所以
劈裂抗拉强度随 PVA 纤维掺量的增加而逐渐降低,但幅度较小,说
明此时高温对劈裂抗拉强度的影响小于 PVA 纤维掺量的变化。

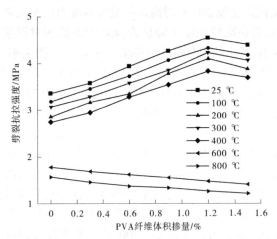

图 7-16　PVA 纤维体积掺量对高温后 PVA-FRCC 劈裂抗拉强度的影响

7.5　PVA-FRCC 高温后轴心抗压强度

7.5.1　试验现象

参照 7.2.5 的试验方法对各组试件进行轴心抗压强度试验,
观察不同温度的试件在试验加载过程中产生裂缝的时间、裂纹扩
展及破坏形态的变化,总结如下:

(1)整体来看,各组试件的破坏形态随温度的升高而变得愈
加严重,说明高温的确对水泥基复合材料内部结构造成重大影响。
具体是:普通水泥基复合材料试件在不同温度高温后均呈现出脆
性破坏,且会发出巨大的破裂声,有部分碎块脱落并飞溅,导致整

个试块不完整,温度越高,脱落越明显。

（2）当加热温度低于 200 ℃时,PVA-FRCC 试件在加载初期会在端部出现细而短的裂纹,随着荷载逐渐增加,试件端部会继续产生裂缝,并慢慢向试件的中部延伸,直至贯穿整个试件,从而导致试块破坏,破坏前会发出纤维被拔断的"嘶嘶"声,PVA 纤维的存在使试件还保持完整。

（3）当温度大于 400 ℃时,PVA-FRCC 试件在加荷过程中产生一条裂缝后会迅速向试件中部延伸,直至贯穿整个试件,破坏的过程属于脆性破坏,随温度进一步增加,试件脱落现象严重,横向变形显著,800 ℃时试件变得酥脆。破裂时,试件被分割成几个独立部分。图 7-17、7-18 分别给出未掺 PVA 纤维和掺 0.9% PVA 纤维的 PVA-FRCC 试件在不同温度高温后的破坏形态。

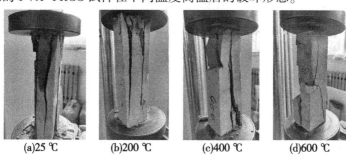

(a)25 ℃　　　　(b)200 ℃　　　　(c)400 ℃　　　　(d)600 ℃

图 7-17　未掺 PVA 纤维的试件不同温度后的破裂形态

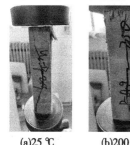

(a)25 ℃　　(b)200 ℃　　(c)300 ℃　　(d)400 ℃　　(e)600 ℃

图 7-18　掺 0.9% PVA 纤维的 PVA-FRCC 试件不同温度后的破裂形态

7.5.2　试验结果

参照 7.3.4 的试验方法,对 PVA-FRCC 进行轴心抗压强度试验,结果如表 7-8 所示。

表 7-8　不同温度下 PVA-FRCC 轴心抗压强度　　单位:MPa

温度/℃	PVA 纤维体积掺量/%					
	0	0.3	0.6	0.9	1.2	1.5
25	36.9	38.6	43.6	45.6	46.2	39.9
100	35.8	37.2	41.4	43.1	44.7	37.8
200	33.4	35.8	36.3	40.7	42.8	34.3
300	35.7	36.5	38.6	43.6	44.6	38.9
400	33.9	35.2	36.7	41.1	43.2	35.1
600	26.5	24.8	23.4	21.4	19.7	17.9
800	18.6	17.3	15.5	14.9	12.7	12.4

7.5.3　温度对 PVA-FRCC 轴心抗压强度的影响

由表 7-8 中的数据可计算出 PVA-FRCC 相对轴心抗压强度,如表 7-9 所示。图 7-19、图 7-20 分别显示了 PVA-FRCC 的轴心抗压强度和相对轴心抗压强度与温度的变化趋势。

表 7-9　不同温度下 PVA-FRCC 相对轴心抗压强度　　%

温度/℃	PVA 纤维体积掺量/%					
	0	0.3	0.6	0.9	1.2	1.5
25	100	100	100	100	100	100
100	97.0	96.4	95.0	94.5	96.8	94.7
200	90.5	92.7	83.3	89.3	92.6	86.0
300	96.7	94.6	88.5	95.6	96.5	97.5
400	91.9	91.2	84.2	90.1	93.5	87.9
600	71.8	64.2	53.7	46.9	42.6	44.9
800	50.4	44.8	35.5	32.6	27.4	31.0

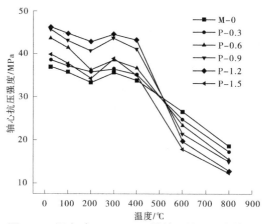

图 7-19　温度对 PVA-FRCC 的轴心抗压强度的影响

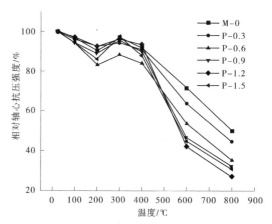

图 7-20　温度对 PVA-FRCC 的相对轴心抗压强度的影响

从图 7-19、图 7-20 中的变化趋势可以看出,PVA-FRCC 的轴心抗压强度和相对轴心抗压强度随温度的升高整体上呈现下降的趋势,且在 400 ℃之前下降较缓慢,400 ℃之后下降幅度增大,这与温度对立方体抗压强度的影响基本相近,唯一不同的是轴心抗压强度在 300 ℃时有小幅度的提高。

　　具体来看,室温至 200 ℃,PVA-FRCC 的轴心抗压强度下降缓慢,最低相对轴心抗压强度为(PVA 纤维体积掺量为 0.6%)83.3%,损失率为 16.9%,其余试件的相对轴心抗压强度约为90%。300 ℃时各试件的轴心抗压强度出现了不同程度的提高,相对轴心抗压强度均在 95%左右,当温度大于 400 ℃时,轴心抗压强度出现骤降,600 ℃时轴心抗压强度最低为(PVA 纤维掺量为1.5%)17.9 MPa,相对轴心抗压强度为 44.9%,相比常温下的 39.9 MPa 降幅 54.1%,而 800 ℃时最大的相对轴心抗压强度为 50.4%,最小的相对轴心抗压强度仅为 27.4%,损失率高达 72.6%。从图中还发现,当温度达到 600 ℃、800 ℃时,未掺 PVA 纤维试件的轴心抗压强度要大于 PVA-FRCC 试件的强度,说明此时纤维已不起作用,且纤维越大,轴心抗压强度损失越明显。原因可能是随温度的不断升高,结构内部损伤逐步加重,大量的 PVA 纤维熔断引起内部缺陷增加,基体与 PVA 纤维的黏结力丧失,导致轴心抗压强度下降。

7.5.4　PVA 纤维对高温后 PVA-FRCC 轴心抗压强度的影响

　　高温后 PVA-FRCC 的轴心抗压强度和 PVA 纤维体积掺量的关系如图 7-21 所示。从图 7-21 中可以看出,高温后 PVA-FRCC 的轴心抗压强度随 PVA 纤维掺量的变化趋势与立方体抗压强度相同。即在 400 ℃之前轴心抗压强度随 PVA 纤维掺量的增加而逐渐变大,最佳 PVA 纤维掺量为 1.2%,此时的轴心抗压强度分别为 46.2 MPa、44.7 MPa、42.8 MPa、44.6 MPa,相比室温增幅分别为 20.1%、19.9%、22%、20%。而当温度升至 600 ℃、800 ℃时,各组试件的轴心抗压强度随 PVA 纤维掺量的增加而逐渐降低,原因是此时 PVA 纤维已熔断,失去了与基体的黏结力。

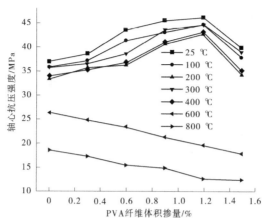

图 7-21　PVA 纤维体积掺量对高温后 PVA-FRCC 轴心抗压强度的影响

7.6　PVA-FRCC 高温后抗折强度

7.6.1　试验现象

通过对基准组及 5 种 PVA 纤维掺量的 PVA-FRCC 试件进行抗折强度试验后发现,在常温 25 ℃时,未掺加 PVA 纤维的试件从开始加载至达到峰值荷载后破坏较突然,会直接断成两半,是一种显著的脆性破坏,而掺加 PVA 纤维的试件在加载破坏前会有预兆,加载一段时间会有微裂缝出现,随后裂缝会慢慢延伸,在破坏时试件还会黏在一起,没有完全断开,是一种典型的延性破坏,随温度不断升高到 400 ℃,基准组试件的脆性明显增大,在破坏前将无任何征兆直接断为两半,而掺加 PVA 纤维试件的破坏还会表现出延性破坏,破坏后试件未断开两半,且 PVA 纤维掺量越大,这种延性破坏特征越显著。当温度大于 600 ℃时,所有配合比试件都表现为脆性破坏,破坏后将直接断为两半。

7.6.2　试验结果

参照 2.3.5 的试验方法，对 PVA-FRCC 试件进行抗折强度试验，结果如表 7-10 所示。

表 7-10　不同温度下 PVA-FRCC 的抗折强度　　单位：MPa

温度/℃	PVA 纤维体积掺量/%					
	0	0.3	0.6	0.9	1.2	1.5
25	6.26	6.96	7.87	9.57	9.75	10.73
100	6.03	6.73	7.48	7.88	8.58	9.54
200	5.87	6.58	7.16	7.43	7.91	8.63
300	5.64	6.26	6.85	6.94	7.23	7.92
400	4.79	5.48	5.86	6.17	6.73	7.05
600	2.36	2.23	2.17	2.06	1.95	1.84
800	2.17	2.03	1.93	1.86	1.79	1.73

7.6.3　温度对 PVA-FRCC 抗折强度的影响

表 7-11 给出了不同温度下 PVA-FRCC 的相对抗折强度结果。图 7-22、图 7-23 分别显示了 PVA-FRCC 的抗折强度和相对抗折强度与温度之间的变化趋势。

表 7-11　不同温度下 PVA-FRCC 相对抗折强度　　　%

温度/℃	PVA 纤维体积掺量/%					
	0	0.3	0.6	0.9	1.2	1.5
25	100	100	100	100	100	100
100	96.3	96.7	95.0	82.3	88.0	88.9
200	93.8	94.5	91.0	77.6	81.1	80.4
300	90.1	89.9	87.0	72.5	74.2	73.8
400	76.5	78.7	74.5	64.5	69.0	65.7
600	37.7	32.0	27.6	21.5	20.0	17.1
800	34.7	29.2	24.5	19.4	18.4	16.1

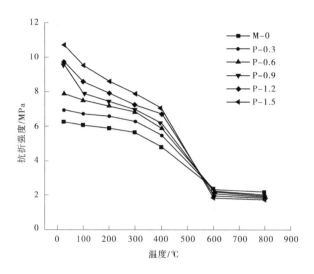

图 7-22　温度对 PVA-FRCC 的抗折强度的影响

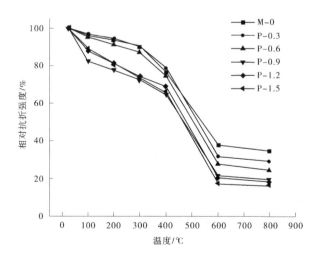

图 7-23　温度对 PVA-FRCC 的相对抗折强度的影响

由图 7-22、图 7-23 的变化趋势可以发现,PVA-FRCC 试件的抗折强度随温度的升高呈现单调递减变化,与立方体抗压强度相同的是,室温至 300 ℃,抗折强度下降缓慢,300 ℃时最低的相对抗折强度为 72.5%,损失率仅为 27.5%,与立方体抗压强度不同的是,400 ℃时抗折强度开始下降明显,每组试件的相对抗折强度分别为 76.5%、78.7%、74.5%、64.5%、69.0%、65.7%,最大损失率为 35.5%(PVA 纤维体积掺量为 1.5%),温度在 600～800 ℃出现骤降,下降幅度明显高于 300～400 ℃,600 ℃时的相对抗折强度平均为 25.9%,最大的损失率已达 82.9%,800 ℃时的抗折强度下降缓慢,相对抗折强度在 25%左右,且 600～800 ℃时抗折强度和相对抗折强度都是对照组最大,说明此时纤维对抗折强度已无作用。

机制分析方面与抗压强度不同的是,在温度达 400 ℃时,即使大量自由水在蒸发过程给内部结构提供了湿度和温度环境,促使未水化水泥颗粒发生了二次水化,使基体变得致密,同时也使基体脆性增加,所以此时抗折强度开始明显下降。随温度继续增加到 600 ℃,基体对纤维熔断后产生的裂缝更敏感,且 PVA 纤维熔断,桥接作用失效,所以抗折强度会骤降。当温度大于 600 ℃时,PVA-FRCC 内部结构损伤严重,胶凝材料分解,变得疏松,对温度裂缝已不敏感,所以抗折强度一直下降,但速率变慢。

7.6.4　PVA 纤维对高温后 PVA-FRCC 抗折强度的影响

高温后 PVA-FRCC 试件的抗折强度和 PVA 纤维体积掺量的关系如图 7-24 所示。由图 7-24 中 PVA-FRCC 的抗折强度随 PVA 纤维掺量的变化趋势可以看出,温度低于 400 ℃时,PVA-FRCC 试件的抗折强度随 PVA 纤维掺量的增加而逐渐增大,各温度在 PVA 纤维掺量为 1.5%时的抗折强度分别为 10.73 MPa、9.54 MPa、8.63 MPa、7.92 MPa、7.05 MPa,较未掺纤维的试件分

别增幅 71.4%、58.2%、47.0%、40.4%、47.2%。室温下抗折强度
的变化幅度最大,温度愈高,变化越平缓。说明 PVA 纤维在未完
全熔断时,高温对其影响还停留在纤维表面,在较低温度下仍可发
挥桥接作用,改善高温后的抗折强度。而温度达到 600 ℃、800 ℃
时,纤维已完全熔断,丧失了与基体的黏结力,因此削弱了纤维对
抗折强度的促进作用,且纤维越多,高温后将出现更多的缺陷及温
度裂缝,从而使抗折强度越低。

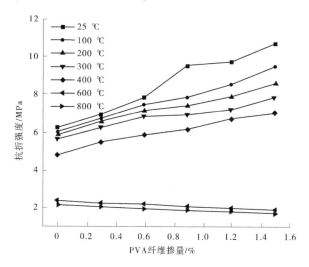

图 7-24　PVA 纤维掺量对高温后 PVA-FRCC 抗折强度的影响

7.6.5　冷却方式对 PVA-FRCC 高温后抗折强度的影响

表 7-12 给出了 PVA 纤维体积掺量分别为 0.6%、0.9%、1.2%
的 PVA-FRCC 试件在 200 ℃、400 ℃、600 ℃高温后不同冷却方式
的抗折强度试验结果。图 7-25 显示了不同冷却方式下 PVA-

FRCC 试件抗折强度随温度的变化趋势。由表 7-12 可看出 PVA-FRCC 试件经喷水冷却后的抗折强度和温度的关系与自然冷却后的变化趋势相同。从图 7-16 可以看出,温度在 200 ℃时,喷水冷却方式下的抗折强度分别为 7.28 MPa、7.59 MPa、8.16 MPa,较自然冷却下的抗折强度增幅分别为 1.7%、2.1% 和 3.2%。而当温度升高至 400 ℃、600 ℃时,喷水冷却方式下的抗折强度低于自然冷却下的抗折强度。600 ℃时喷水冷却对基体内部的损伤更严重。可能的原因是当加热温度较低时,喷水冷却一段时间后,水分会进入试件内,为内部提供的湿度环境会进行二次水化反应,能弥补温度应力引起内部结构破坏造成的损失,提高了抗折强度。但当温度超过 400 ℃时,温度对内部结构造成的损失是巨大的,而这种提高的程度远不及高温损伤,所以其抗折强度低于自然冷却试件的。

表 7-12　不同冷却方式的抗折强度试验结果　单位:MPa

温度/℃		PVA 纤维掺量/%		
		0.6	0.9	1.2
200	自然冷却	7.16	7.43	7.91
	喷水冷却	7.28	7.59	8.16
400	自然冷却	5.86	6.17	6.73
	喷水冷却	5.73	5.89	6.57
600	自然冷却	2.17	2.06	1.95
	喷水冷却	1.74	1.63	1.58

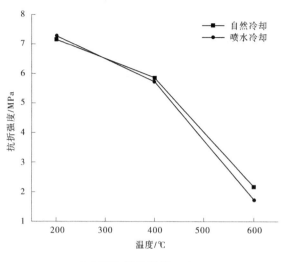

（a）PVA 纤维掺量 0.6%

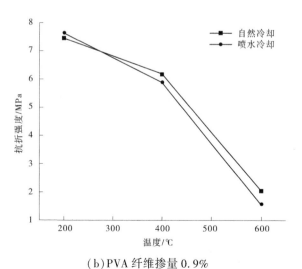

（b）PVA 纤维掺量 0.9%

图 7-25　高温后两种冷却方式抗折强度的对比

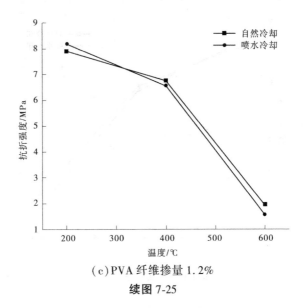

（c）PVA 纤维掺量 1.2%

续图 7-25

7.6.6　PVA-FRCC 相对抗折强度与温度的关系

　　为方便更清晰地分析温度对 PVA-FRCC 抗折强度的影响，本书根据抗折强度的试验结果，采用 Origin 软件拟合出了 PVA-FRCC 相对抗折强度与温度间的函数关系，选取相关系数 R^2 值较大的所对应的函数。图 7-26 显示了 PVA 纤维掺量为 1.5% 的 PVA-FRCC 相对抗折强度与温度的拟合结果。具体函数关系如式（7-12）所示。

$$f_{T,P-1.5} = \begin{cases} f_{t,P-1.5}, T = 25\ ^\circ\!C \\ f_{t,P-1.5}(-1.691 \times 10^{-10}T^4 + 7.595 \times 10^{-7}T^3 - \\ \quad 6.477 \times 10^{-4}T^2 + 0.017T + 97.740) \\ 25\ ^\circ\!C < T \leqslant 800\ ^\circ\!C \end{cases}$$

（7-12）

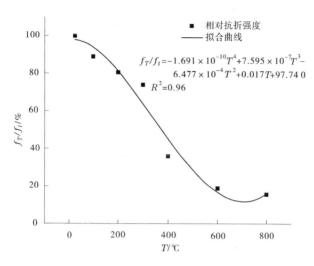

图 7-26　PVA 纤维掺量为 1.5% 的试件相对抗折强度与温度的拟合结果

式中：$f_{t,P-1.5}$ 为 PVA 纤维掺量为 1.5% 的试件在 25 ℃下的抗折强度；$f_{T,P-1.5}$ 为 PVA 纤维掺量为 1.5% 的试件在 T 温度下的抗折强度。

7.7　小　结

本章参照相关规范，通过包括基准组在内的 6 组配合比共 585 个 PVA-FRCC 试件开展了高温后 PVA-FRCC 的立方体抗压强度、轴心抗压强度、抗折强度和劈裂抗拉强度试验，同时观察破裂形态，研究了不同温度和 PVA 纤维掺量对高温后 PVA-FRCC 基本力学性能的影响，同时还对比分析了冷却方式对 PVA-FRCC 立方体抗压强度和抗折强度的影响，并在试验结果的基础上，对 PVA-FRCC 试件的相对力学强度进行了拟合，给出相对力学强度与温度的函数关系式，主要结论总结如下：

（1）观察试件的破坏形态发现，未掺 PVA 纤维的试件各力学试验常温下的破裂均表现为脆性特征，而掺加 PVA 纤维的试件在破坏时仍连在一起，完整性较好。当温度低于 200 ℃时，各试件均表现出延性破裂特征；但当温度超过 400 ℃后，由于 PVA 纤维的熔断，试件破坏时局部破坏严重，继续增加温度破坏时和未掺纤维表现出相似的脆性特征。

（2）高温后 PVA-FRCC 的立方体抗压强度随温度的增加大致呈现下降的趋势，25～200 ℃，PVA-FRCC 高温后抗压强度下降缓慢，几乎不变。300～600 ℃下降显著，温度为 400 ℃时 PVA-FRCC 的立方体抗压强度较 300 ℃时有不同幅度的提高，加热温度达到 600 ℃时最大损失率为 47.2%，而加热温度 800 ℃时的最大损失率已达 70% 以上。各试件经喷水冷却后的立方体抗压强度均小于自然冷却下的立方体抗压强度。

（3）高温后 PVA-FRCC 的劈裂抗拉强度和相对劈裂抗拉强度都随温度的升高大体上呈现下降的趋势，低于 200 ℃时，下降较缓慢，300 ℃时劈裂抗拉强度有不同程度的提高，但仍低于室温。300～600 ℃时的劈裂抗拉强度下降速率明显增大，说明劈裂抗拉强度高温破坏的临界温度是 300 ℃，600～800 ℃时，强度仍继续下降，但速率变慢。

（4）高温后 PVA-FRCC 的轴心抗压强度和相对轴心抗压强度随温度的升高整体上呈现下降的趋势，与温度对立方体抗压强度的影响基本相近，唯一不同的是轴心抗压强度在 300 ℃时有小幅度的提高，且在 400 ℃之前轴心抗压强度随 PVA 纤维掺量的增加呈现先增大后减小的趋势，最佳掺量为 1.2%，与立方体抗压强度随 PVA 纤维掺量增加的变化趋势相同。

（5）高温后 PVA-FRCC 试件的抗折强度随温度的升高呈现单调递减变化，与立方体抗压强度相同的是，室温至 300 ℃，抗折强度下降缓慢，与立方体抗压强度不同的是，400 ℃时抗折强度开始下降明显,温度在 600~800 ℃ 出现骤降,下降幅度明显高于 300~400 ℃。对比 PVA 纤维掺量分别为 0.6%、0.9%、1.2% 的 PVA-FRCC 试件在 200 ℃、400 ℃、600 ℃ 高温后不同冷却方式的抗折强度结果发现,200 ℃ 时,喷水冷却方式下的抗折强度大于自然冷却下的抗折强度,而当温度升高至 400 ℃、600 ℃ 时,喷水冷却方式下的抗折强度低于自然冷却下的抗折强度。

第 8 章　纳米 SiO_2 增强水泥基复合材料高温后力学性能

8.1　引　言

纳米材料作为 21 世纪最有前途的材料,其凭借特殊的"纳米效应"能够改善水泥基体内部的微观结构,不仅能够提高水泥基复合材料常温下的力学强度,还可以改善高温后的残余力学强度。目前,众多研究者针对水泥基材料在常温下的力学性能研究较多,取得了丰硕成果。然而,对纳米材料增强水泥基复合材料高温后的研究成果较少。

因此,本章将通过 25~800 ℃高温后力学性能试验,探究不同温度、不同纳米 SiO_2 质量掺量对水泥基复合材料高温后力学性能的影响,主要包括立方体抗压强度、劈裂抗拉强度和轴心抗压强度,同时通过观察微观形貌揭示高温损伤机制,并在分析试验结果的基础上,建立温度与各相对力学强度的函数关系,对评估纳米 SiO_2 增强水泥基复合材料的耐高温性能具有重要意义。本章纳米 SiO_2 增强水泥基复合材料(NSRCC)高温后力学性能试验方法参照第 7 章中 PVA-FRCC 高温后力学性能试验方法进行。

8.2　NSRCC 高温后立方体抗压强度

8.2.1　试验现象

通过试验发现,不论是常温还是高温后所有 NSRCC 试件的破坏均表现出脆性破坏特征。

(1)25 ℃时,纳米 SiO$_2$ 质量掺量为 1.0%时试件的破坏形态较完整,散落的碎块较少;随纳米 SiO$_2$ 质量掺量的增加,试件的破坏形态越严重,掺量为 2.0%时试件已成环箍状,有大面积的块体从试件表面脱落,横向变形明显。

(2)温度低于 400 ℃时,随温度升高,试件破裂后完整性越差,声音越响,会听到"喷"的声音。

(3)温度达到 600 ℃时,虽试件看起来较完整,但疏松程度已明显严重,破坏时声音变得低沉。图 8-1 给出了 25 ℃时 NSRCC 的立方体抗压强度试验破坏形态。

图 8-2 显示了不同温度高温后 NSRCC 的立方体抗压强度试验破坏形态。

　(a)N-1. 0　　　(b)N-1. 5　　　(c)N-2. 0　　　(d)N-2. 5

图 8-1　25 ℃时 NSRCC 的立方体抗压强度试验破坏形态

　(a)25 ℃　　　(b)200 ℃　　　(c)400 ℃　　　(d)600 ℃

图 8-2　不同温度高温后 NSRCC 的立方体抗压强度试验破坏形态

8.2.2　试验结果

参照 7.2.2 的试验方法,对各纳米 SiO_2 质量掺量的水泥基复合材料试件进行立方体抗压强度试验,结果如表 8-1 所示。

表 8-1　不同温度下 NSRCC 立方体的抗压强度　单位:MPa

温度/℃	纳米 SiO_2 质量掺量/%				
	0	1.0	1.5	2.0	2.5
25	62.7	70.3	68.0	66.4	64.9
100	61.2	67.8	66.4	64.8	63.2
200	59.1	65.4	64.7	62.7	61.3
300	53.9	61.8	58.4	56.6	54.7
400	59.2	67.2	65.8	63.2	61.5
600	42.2	51.3	48.6	47.2	45.6
800	25.7	30.5	28.2	26.9	26.3

8.2.3　温度对 NSRCC 立方体抗压强度的影响

由表 8-1 中的数据可计算出 NSRCC 相对立方体抗压强度,结果如表 8-2 所示。图 8-3、图 8-4 分别显示了高温后 NSRCC 的立方体抗压强度和相对立方体抗压强度与温度的关系。图 8-5 显示了不同温度后 NSRCC 的立方体抗压强度随纳米 SiO_2 质量掺量的变化规律。

表 8-2　不同温度下 NSRCC 相对立方体抗压强度　　　　%

温度/℃	纳米 SiO₂ 掺量/%				
	0	1.0	1.5	2.0	2.5
25	100	100	100	100	100
100	97.6	96.4	97.6	97.6	97.4
200	94.3	93.0	95.1	94.4	94.5
300	86.0	87.9	85.9	85.2	84.3
400	94.4	95.6	96.8	95.2	94.8
600	67.3	73	71.5	71.1	70.3
800	41.0	43.4	41.5	40.5	40.5

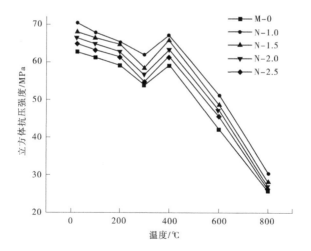

图 8-3　温度对 NSRCC 立方体抗压强度的影响

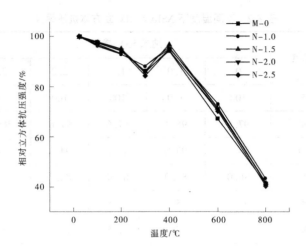

图 8-4　温度对 NSRCC 相对立方体抗压强度的影响

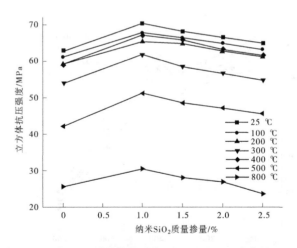

图 8-5　纳米 SiO_2 质量掺量对高温后 NSRCC 立方体抗压强度的影响

由图 8-3、图 8-4 中的变化趋势可以看出,随温度的升高,
NSRCC 立方体抗压强度整体上呈现逐渐下降趋势。100 ℃时,

NSRCC 试件的立方体抗压强度下降缓慢,各试件的相对立方体抗压强度均为 95% 以上,最小的相对立方体抗压强度为 96.4%(纳米 SiO_2 掺量为 1.0%),降幅 3.6%。300 ℃ 时,NSRCC 试件的立方体抗压强度下降明显,与常温相比,各组试件的相对抗压强度为 84%~88%,平均降幅 14.6%,降幅最小(纳米 SiO_2 掺量为 1.0%)和降幅最大(纳米 SiO_2 掺量为 2.5%)的立方体抗压强度分别下降 12.1% 和 15.7%。400 ℃ 时,NSRCC 试件的立方体抗压强度下降缓慢,甚至比 300 ℃ 时有所提高,所有试件的相对立方体抗压强度均在 90%。继续增加温度,NSRCC 试件的立方体抗压强度下降速度明显加快,600 ℃ 高温后,各组试件的强度平均降幅 30%,最大的降幅达到 32.7%;而 800 ℃ 高温后,NSRCC 试件的立方体抗压强度平均仅为常温下的 40% 左右,降幅最小的(纳米 SiO_2 掺量为 1.0%)也下降了 56.6%,降幅最大的(纳米 SiO_2 掺量为 2.5%)下降了近 60%。

由图 8-5 可以看出,随纳米 SiO_2 掺量从 1% 增加到 2.5% 时,各温度下的立方体抗压强度均有所提高,呈现先增大后减小的趋势,在掺量为 1.0% 时取得最大值。25 ℃、200 ℃、300 ℃、400 ℃、600 ℃、800 ℃ 高温后,掺 1.0% 纳米 SiO_2 的试件立方体抗压强度较未掺纳米 SiO_2 的试件分别提高了 12.1%、10.7%、14.7%、13.5%、21.6%、18.7%。

原因可能是,掺加适量具有较高活性和表面能的纳米 SiO_2,不仅可以填充基体内水泥间的孔隙,改善基体内部结构,还能够发挥火山灰效应,与水泥水化产物 Ca(OH)$_2$ 发生反应,生成更多的 C-S-H 凝胶,提高结构的密实度,这种效果也在一定程度上约束了高温产生的热变形和微裂缝,弥补了高温过程对基体内部造成的损伤,但掺量过大会使需水量增加,此时纳米 SiO_2 分散不均匀,有凝聚现象,这增加了结构内部的孔洞和缺陷,使强度下降。400 ℃ 强度有所回升的一个重要原因是,化学结晶水溢出增强了水泥浆体的胶合作用,同时湿度和温度的共同作用使未水化的水泥颗粒发生二次水化,纳米 SiO_2 和 $Ca(OH)_2$ 反应,生成更多的 C-S-H 凝胶,提高基体韧性。继续增加温度至 600 ℃、800 ℃,水泥水化产物 $Ca(OH)_2$ 和 C-S-H 凝胶开始分解,胶结能力丧失,结构内部疏松,损伤严重,导致强度骤降。

8.2.4　NSRCC 相对立方体抗压强度与温度的关系

目前,大多数研究者针对 NSRCC 的残余力学强度与温度间关系的计算公式等方面的研究较少,为能更清晰地分析温度对 NSRCC 立方体抗压强度的影响,本书根据立方体抗压强度的试验结果,采用 origin 软件拟合出了 NSRCC 相对立方体抗压强度与温度间的函数关系,选取相关系数 R^2 值较大的所对应的函数。图 8-6 显示了不同纳米 SiO_2 掺量的 NSRCC 相对立方体抗压强度与温度的拟合结果。

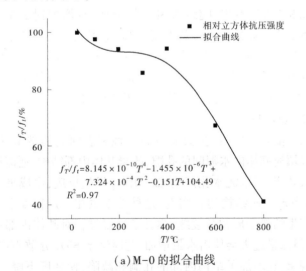

$$f_T/f_t = 8.145 \times 10^{-10}T^4 - 1.455 \times 10^{-6}T^3 + 7.324 \times 10^{-4}T^2 - 0.151T + 104.49$$
$$R^2 = 0.97$$

(a) M-0 的拟合曲线

图 8-6　NSRCC 相对立方体抗压强度与温度的关系拟合曲线

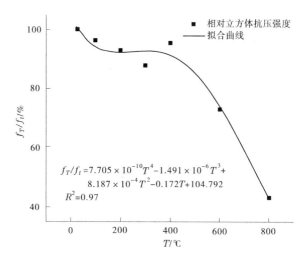

(b) N-1.0 拟合曲线

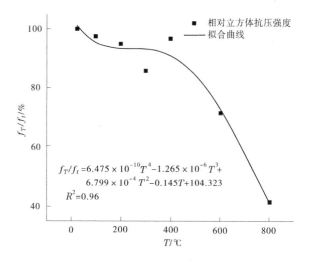

(c) N-1.5 拟合曲线

续图 8-6

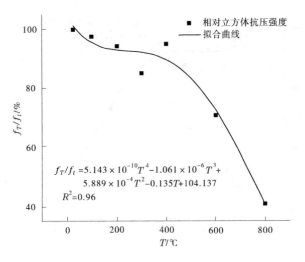

（d）N-2.0 拟合曲线

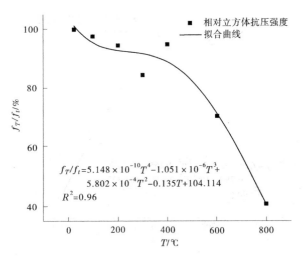

（e）N-2.5 拟合曲线

续图 8-6

根据图 8-6 的拟合结果及相对立方体抗压强度与温度的关系可建立不同纳米 SiO_2 掺量的 NSRCC 试件的立方体抗压强度与温度的函数关系,如式(8-1)~式(8-5)所示。

$$f_{T,M-0} = \begin{cases} f_{t,M-0}, T = 25\ ℃ \\ f_{t,M-0}(8.145 \times 10^{-10}T^4 - 1.455 \times 10^{-6}T^3 + \\ \qquad 7.324 \times 10^{-4}T^2 - 0.151T + 104.49) \\ 25\ ℃ < T \leqslant 800\ ℃ \end{cases} \quad (8-1)$$

$$f_{T,N-1.0} = \begin{cases} f_{t,N-1.0}, T = 25\ ℃ \\ f_{t,N-1.0}(7.705 \times 10^{-10}T^4 - 1.491 \times 10^{-6}T^3 + \\ \qquad 8.187 \times 10^{-4}T^2 + 0.172T + 104.792) \\ 25\ ℃ < T \leqslant 800\ ℃ \end{cases}$$

$$(8-2)$$

$$f_{T,N-1.5} = \begin{cases} f_{t,N-1.5}, T = 25\ ℃ \\ f_{t,N-1.5}(6.475 \times 10^{-10}T^4 - 1.265 \times 10^{-6}T^3 + \\ \qquad 6.799 \times 10^{-4}T^2 - 0.145T + 104.323) \\ 25\ ℃ < T \leqslant 800\ ℃ \end{cases}$$

$$(8-3)$$

$$f_{T,N-2.0} = \begin{cases} f_{t,N-2.0}, T = 25\ ℃ \\ f_{t,N-2.0}(5.143 \times 10^{-10}T^4 - 1.061 \times 10^{-6}T^3 + \\ \qquad 5.889 \times 10^{-4}T^2 - 0.135T + 104.137) \\ 25\ ℃ < T \leqslant 800\ ℃ \end{cases}$$

$$(8-4)$$

$$f_{T,N\text{-}2.5} = \begin{cases} f_{t,N\text{-}2.5}, T = 25\ ℃ \\ f_{t,N\text{-}2.5}(5.148 \times 10^{-10}T^4 - 1.051 \times 10^{-6}T^3 + \\ \qquad 5.802 \times 10^{-4}T^2 - 0.135T + 104.114) \\ 25\ ℃ < T \leqslant 800\ ℃ \end{cases}$$

(8-5)

式中:$f_{t,M\text{-}0}$、$f_{t,N\text{-}1.0}$、$f_{t,N\text{-}1.5}$、$f_{t,N\text{-}2.0}$、$f_{t,N\text{-}2.5}$ 为纳米 SiO_2 质量掺量为 0、1.0%、1.5%、2.0%、2.5%的试件在 25 ℃下的立方体抗压强度，$f_{T,M\text{-}0}$、$f_{T,N\text{-}1.0}$、$f_{T,N\text{-}1.5}$、$f_{T,N\text{-}2.0}$、$f_{T,N\text{-}2.5}$ 分别为纳米 SiO_2 掺量为 0、1.0%、1.5%、2.0%、2.5%的试件在 T 温度下的立方体抗压强度。

8.3　NSRCC 高温后劈裂抗拉强度试验研究

8.3.1　试验结果

参照 7.2.3 的试验方法，对不同掺量的纳米 SiO_2 增强水泥基复合材料进行劈裂抗拉强度试验，结果如表 8-3 所示。

表 8-3　不同温度下 NSRCC 劈裂抗拉强度　　单位:MPa

温度/℃	纳米 SiO_2 掺量/%				
	0	1.0	1.5	2.0	2.5
25	3.36	4.14	3.52	3.29	3.05
200	2.85	3.58	3.04	2.82	2.65
400	2.74	3.24	2.86	2.68	2.38
600	1.78	2.03	1.85	1.57	1.48
800	1.58	1.72	1.23	1.16	1.07

8.3.2 温度对 NSRCC 劈裂抗拉强度的影响

由表 8-3 中劈裂抗拉强度的数据可以计算出 NSRCC 在不同温度下的相对劈裂抗拉强度,如表 8-4 所示。图 8-7 显示了 NSRCC 劈裂抗拉强度与温度的变化趋势。图 8-8 则显示了不同温度后 NSRCC 劈裂抗拉强度随纳米 SiO_2 掺量的变化趋势。

表 8-4 不同温度下 NSRCC 相对劈裂抗拉强度 %

温度/℃	纳米 SiO_2 掺量/%				
	0	1.0	1.5	2.0	2.5
25	100	100	100	100	100
200	84.8	86.5	86.4	85.7	86.9
400	81.5	78.3	81.3	81.5	78.0
600	52.9	49.0	46.6	45.9	48.5
800	47.0	41.5	36.3	39.8	41.6

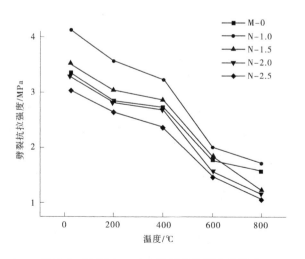

图 8-7 温度对 NSRCC 劈裂抗拉强度的影响

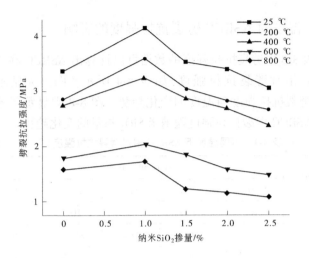

图 8-8　纳米 SiO_2 掺量对高温后 NSRCC 劈裂抗拉强度的影响

由图 8-7 的变化趋势可以看出,NSRCC 劈裂抗拉强度随温度
升高,有不同程度的降低,温度愈高,下降越明显。相比常温,200 ℃
时各组试件的劈裂抗拉强度平均下降了 14%;400 ℃时,各组试件
的劈裂抗拉强度下降明显,平均降低 20%,降幅最大的(纳米 SiO_2
掺量为 2.5%)下降了 22%;而 600 ℃时的劈裂抗拉强度出现骤
降,平均为常温下的 48.5%,降幅最大的(纳米 SiO_2 掺量为
2.0%)降低了 54.1%;800 ℃时劈裂抗拉强度仍继续下降,但速率
变慢,最小的相对劈裂抗拉强度为 36.3%,下降了近 64%。这是
因为,当温度小于 400 ℃时,材料内部水分散失逐渐增多,孔隙率
变大,对强度造成一定影响。温度高于 400 ℃时,水分大量蒸发,
C-S-H 凝胶分解,孔径增大,内部结构疏松,劈裂强度骤降,400
℃时下降速率小于 600 ℃的原因是,300~400 ℃时基体内部会在
温度和湿度的共同作用下发生二次水化,弥补一部分高温损伤。

由图 8-8 可以看出,不同温度下的各组试件的劈裂抗拉强度

随 NS 掺量的增加呈现先增大后减小的趋势,最佳掺量均为
1.0%。相同温度下,掺 NS 的试件体现出较好的高温性能。掺量
为 2.5%的试件耐高温性能较差。较未掺 NS 的试件,掺 1.0%的
试件在 25 ℃、200 ℃、400 ℃、600 ℃、800 ℃高温后分别提高了
23.2%、25.6%、18.2%、14%、8.9%。

8.3.3　冷却方式对高温后劈裂抗拉强度的影响

本节还对比了 3 种纳米 SiO_2 掺量试件高温后采用不同冷却
方式的劈裂抗拉强度,如表 8-5 所示。由表 8-5 可以看出,各试件
经喷水冷却后的劈裂抗拉强度与自然冷却下表现出相似的规律,
即随温度升高,劈裂抗拉强度不断下降,同时在同一温度下,随着
纳米 SiO_2 掺量的增加,劈裂抗拉强度取得最大值的掺量也为
1.0%。图 8-9 给出了纳米 SiO_2 掺量为 1.0%时劈裂抗拉强度的对
比结果,由图 8-9 可以看出,200 ℃、400 ℃高温后喷水冷却下的劈
裂抗拉强度比自然冷却下有所提高,分别提高了 2.5%和 2.2%,
600 ℃时两种冷却方式下的劈裂抗拉强度相近。原因是采用喷水
冷却静置一段时间后,会有水分进入基体,提供了二次水化条件,
生成新的水化产物,弥补了一部分由于水分蒸发及水化物分解造
成的损失。

表 8-5　不同冷却方式的劈裂抗拉强度试验结果　单位:MPa

温度/℃		纳米 SiO_2 掺量/%		
		1.0	1.5	2.0
200	自然冷却	3.58	3.04	2.82
	喷水冷却	3.67	3.26	2.98
400	自然冷却	3.24	2.86	2.68
	喷水冷却	3.31	2.95	2.81

续表 8-5

温度/℃		纳米 SiO$_2$ 掺量/%		
		1.0	1.5	2.0
600	自然冷却	2.03	1.85	1.57
	喷水冷却	1.98	1.73	1.37

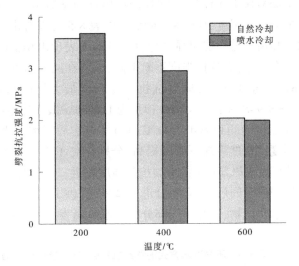

图 8-9　NS 掺量为 1.0% 时劈裂抗拉强度的对比

8.3.4　NSRCC 相对劈裂抗拉强度与温度的关系

为方便更直观地解释劈裂抗拉强度随温度的变化,本节仅针对 NS 掺量为 1.0% 时的劈裂抗拉强度进行拟合,得到 NSRCC 相对劈裂抗拉强度与温度的关系式,如式(8-6)所示。图 8-10 显示了纳米 SiO$_2$ 掺量为 1.0% 时的拟合结果。

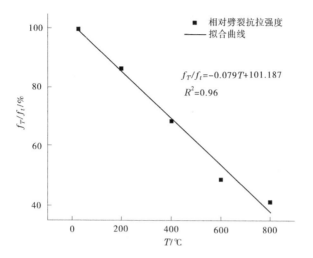

图 8-10　N-1.0 相对劈裂抗拉强度拟合结果

$$f_{T,N-1.0} = \begin{cases} f_{t,N-1.0}, T = 25 \ ℃ \\ f_{t,N-1.0}(-0.079T + 101.187) \\ 25 \ ℃ < T \leqslant 800 \ ℃ \end{cases} \quad (8\text{-}6)$$

式中：$f_{t,N-1.0}$ 为纳米 SiO₂ 掺量为 1.0% 的试件在 25 ℃ 下的劈裂抗拉强度；$f_{T,N-1.0}$ 为纳米 SiO₂ 掺量 1.0% 的试件在 T 温度下的劈裂抗拉强度。

8.4　NSRCC 高温后轴心抗压强度

8.4.1　试验结果

参照 7.2.4 的试验方法，对不同掺量的纳米 SiO₂ 增强水泥基复合材料进行轴心抗压强度试验，结果如表 8-6 所示。

8.4.2　温度对 NSRCC 轴心抗压强度的影响

由表 8-6 中的数据可计算出相对轴心抗压强度,如表 8-7 所示。高温后 NSRCC 的轴心抗压强度及相对轴心抗压强度随温度的变化如图 8-11、图 8-12 所示。

表 8-6　不同温度下 NSRCC 轴心抗压强度　　单位:MPa

温度/℃	纳米 SiO$_2$ 掺量/%				
	0	1.0	1.5	2.0	2.5
25	36.9	48.5	44.9	39.2	37.9
100	35.8	43.9	40.6	38.4	36.3
200	33.4	41.8	37.7	35.8	34.2
300	35.7	44.8	42.7	37.8	36.1
400	33.9	42.2	39.8	36.7	35.2
600	26.5	33.1	29.1	28.7	27.2
800	18.6	23.6	20.4	17.6	13.3

表 8-7　不同温度下 NSRCC 的相对轴心抗压强度　　%

温度/℃	纳米 SiO$_2$ 掺量/%				
	0	1.0	1.5	2.0	2.5
25	100	100	100	100	100
100	97.0	90.5	90.4	97.9	95.8
200	90.5	86.2	84.0	91.3	90.2
300	96.7	92.4	95.1	96.4	92.9
400	94.6	87.0	88.6	93.6	92.9
600	71.8	68.2	64.8	73.2	71.8
800	50.4	48.7	45.4	44.9	35.1

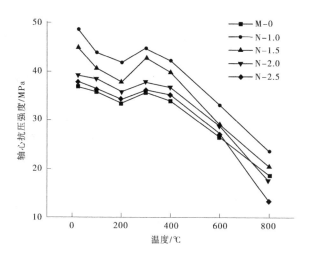

图 8-11　温度对 NSRCC 轴心抗压强度的影响

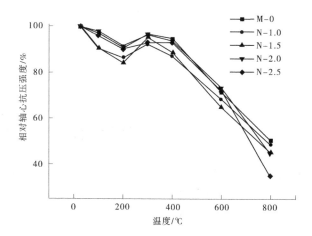

图 8-12　温度对 NSRCC 相对轴心抗压强度的影响

从图 8-11、图 8-12 的变化趋势可以看出,NSRCC 的轴心抗压强度随温度的升高而逐渐下降,在 300 ℃、400 ℃时有所回升,400 ℃之后下降显著,与立方体抗压强度的规律相似。具体来看,200 ℃时下降明显,与常温相比,各试件降幅在 10%~16%,最小的相对轴心抗压强度是纳米 SiO_2 掺量为 1.5%的试件;300 ℃、400 ℃时的轴心抗压强度较 200 ℃有不同程度的提高,离散性不大,最大的增幅为 6%;600 ℃时的各组试件强度降幅明显,降至常温的 60%~73%,降幅最大的(纳米 SiO_2 掺量为 1.5%)试件和降幅最小的(纳米 SiO_2 掺量为 2.0%)试件强度分别下降了 35.2%、26.8%;800 ℃时轴心抗压强度进一步降低,各组试件的强度平均仅剩常温下的 44.9%,最大的(纳米 SiO_2 掺量为 2.5%)降幅接近 65%。

由表 8-5 可以看出,随纳米 SiO_2 掺量从 1.0%增加到 2.5%,各温度下的轴心抗压强度均有所提高,呈现先增大后减小的趋势,在掺量为 1.0%时取得最大值。25 ℃、200 ℃、300 ℃、400 ℃、600 ℃、800 ℃高温后,掺 1.0%纳米 SiO_2 的试件轴心抗压强度较未掺纳米的试件分别提高了 31.4%、25.1%、25.5%、20.9%、24.9%、26.9%,比立方体抗压强度增幅明显。800 ℃高温后,2.5%的纳米 SiO_2 增强水泥基复合材料的耐高温性能较差。

8.5　高温对 NSRCC 微观结构的影响

水泥基复合材料的微观结构与形貌特征决定基体材料的宏观性能,纳米 SiO_2 增强水泥基复合材料内部发生的一系列水化反应生成的产物使基体的细微观结构更加复杂,在持续升温的情况下,这些水化产物会经历失自由水、化学键断裂失结合水、水化物不断分解,以及硬化水泥净浆基体的不同组分的膨胀收缩差异而导致孔隙和微裂纹的出现,使得基体内部微观结构形貌十分不同,这些不同的微观形貌同时会对宏观性能产生一定程度的影响。微观测试和微观形貌分析是揭示试件加热温度对 NSRCC 微观结构影响机制的重要手段。因此,本书采用扫描电镜对 NSRCC 经受高温前后的微观结构进行探究,分析总结其增韧机制及高温损伤机制。

8.5.1　试验设备及试件准备

本试验采用郑州大学水利科学与工程学院水工结构实验室的 XL30 环境扫描式电子显微镜进行 SEM 扫描电镜试验,以便能更进一步观察常温及持续高温后的微观结构与形态特征,试验装置如图 8-13 所示。试样选用事先浇筑成型各个配比经不同温度高温后的 100 mm×100 mm×100 mm 的试件,试验前,将成型的立方体试块用切割机切成 10 mm×10 mm×10 mm 形状规则、表面平整的小试样,并通过无水乙醇冲洗、烘干。随后将制备好的试样用导电胶固定,放入真空箱内抽真空,并对观察面进行喷金处理,喷金是为了表面能够发出次级电子信号,接着将小试样固定在 SEM 观察区进行观测。

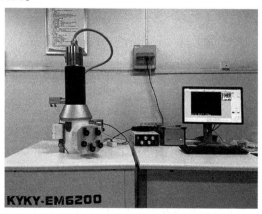

图 8-13　扫描电镜 SEM

8.5.2　高温对 NSRCC 微观性能的影响

纳米 SiO_2 对水泥基材料的改善效果如图 8-14 所示,从图 8-14 可以看出掺加纳米 SiO_2 使 NSRCC 中的孔隙和微裂缝显著降低,提升了基体的密实度。一方面,掺加较小粒径的 NS 粒子能够很好地填充水泥间的孔隙,减少了孔洞的数量及孔径,从而有效改善了基体的密实度。另一方面,具有较高活性和小尺寸效应的 NS 颗粒能与水泥水化产物 $Ca(OH)_2$ 发生反应生成 C-S-H 凝胶,且能以 NS 为核心增长成网状,使结构更致密。

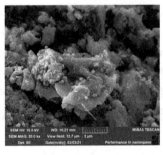

(a)未掺纳米 SiO_2　　　　(b)掺 1.5% 的纳米 SiO_2

图 8-14　纳米 SiO_2 对基体的影响

图 8-15 给出了高温后 NSRCC 微观形态的变化,从图 8-15(a)可以看出 200 ℃时虽 C-S-H 凝胶体系还较完整,但与常温相比基体内有了更多的孔隙,这是由于加热至 200 ℃时,NSRCC 水泥基体中自由水、孔隙水及毛细水的蒸发使基体收缩,微裂缝增多,所以 200 ℃时强度下降。从图 8-15(b)观察到 400 ℃时 NSRCC 基体内水泥水化产物开始分解,C-S-H 凝胶网状结构已没有 200 ℃时稳定,裂缝增多,原因是 200~400 ℃高温中,化学结晶水溢出,在界面区形成了复杂的水化硅酸钙,同时提高了基体的黏结性,所以 NSRCC 试件在 400 ℃高温后强度有所提高。400~600 ℃时,

Ca(OH)₂ 的分解及 C-S-H 凝胶胶结能力的丧失,基体破坏进一步加重,图 8-15(c)也显示出水泥水化产物 Ca(OH)₂ 大量分解,水泥浆体结构松弛,C-S-H 凝胶网状结构破坏严重,裂缝进一步延伸,导致 NSRCC 强度骤降。温度大于 600 ℃,碳酸盐开始分解,同时 C-S-H 凝胶还将进一步分解成 β 型硅酸二钙。从 8-15(d)可以看出,800 ℃时基体中已无水化产物,裂缝和孔隙显著恶化,变得疏松,NSRCC 强度快速下降。

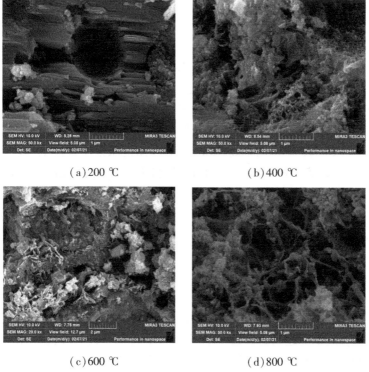

(a)200 ℃   (b)400 ℃

(c)600 ℃   (d)800 ℃

图 8-15 不同温度下的 NSRCC 微观形态

8.6　小　结

本章参照相关规范,通过包括基准配合比在内的 5 组配合比共 312 个 NSRCC 试件开展了高温后 NSRCC 的立方体抗压强度、轴心抗压强度和劈裂抗拉强度试验,并同时观察破裂形态,研究了不同温度和纳米 SiO_2 掺量对高温后 NSRCC 基本力学性能的影响,同时还对比分析了冷却方式对 NSRCC 劈裂抗拉强度的影响,并在试验结果的基础上,对 NSRCC 试件的相对力学强度进行了拟合,给出相对力学强度与温度的函数关系式,主要结论总结如下:

(1)通过观察室温和高温后各纳米 SiO_2 增强水泥基复合材料试件在不同力学性能试验中的破坏形态可以发现,所有试件均表现出脆性破坏特征,但纳米 SiO_2 掺量越高,试件的完整度越好,同时随着温度的升高,试件的完整性越差,疏松程度越严重。

(2)随着温度的升高,NSRCC 立方体抗压强度整体上呈现逐渐下降趋势。100 ℃时,NSRCC 试件的立方体抗压强度下降缓慢;300 ℃时,NSRCC 试件的立方体抗压强度下降明显;400 ℃时,NSRCC 试件的立方体抗压强度下降缓慢,甚至比 300 ℃有所提高;800 ℃高温后,NSRCC 立方体抗压强度平均仅为常温下的 40%左右。同时,纳米 SiO_2 掺量从 1%增加到 2.5%时,各温度下的立方体抗压强度均有所提高,呈现先增大后减小的趋势,在掺量为 1.0%时取得最大值。

(3)NSRCC 劈裂抗拉强度随温度升高,有不同程度的降低,温度越高,下降越明显。相比常温,200 ℃时下降较平缓,温度高于 400 ℃时,各组试件的劈裂抗拉强度下降明显,800 ℃时劈裂抗拉强度仍继续下降,但速率变慢,最大损失率接近 64%。

(4)高温后 NSRCC 的轴心抗压强度随温度的升高而逐渐下降,在 300 ℃、400 ℃时有所回升,400 ℃之后下降显著,与立方体抗压强度的规律相似。纳米 SiO_2 掺量从 1% 增加到 2.5% 时,各温度下的轴心抗压强度均有所提高,呈现先增大后减小的趋势,在掺量为 1.0% 时取得最大值。

(5)高温后 NSRCC 微观形态随温度不断升高逐渐恶化,主要表现为水分的蒸发、碳酸盐分解及 C-S-H 凝胶的分解,800 ℃时基体中已无水化产物,裂缝和孔隙显著恶化,变得疏松,NSRCC 强度快速下降。

第 9 章　总　结

9.1　本书工作的总结

本书通过两批试验分别设计了两组配合比进行了不同的性能试验,首先通过流变特性试验、坍落扩展度试验、泌水率试验、稠度仪试验及抗压强度试验,研究了不同 PVA 纤维、纳米 SiO_2 和聚羧酸减水剂掺量对水泥基复合材料工作性能和抗压强度的影响,其次通过 PVA-FRCC 和 NSRCC 试件的常温及高温后基本力学性能试验,研究了温度、PVA 纤维体积掺量、纳米 SiO_2 质量掺量及冷却方式对 PVA 纤维和纳米 SiO_2 增强水泥基复合材料的常温及高温后立方体抗压强度、劈裂抗拉强度、轴心抗压强度和抗折强度的影响。在本章总结时,为了方便读者阅读,本书将两组不同配合比对应的性能研究分别进行总结。

(1)对于水泥基复合材料中纳米 SiO_2 质量掺量为 0.5%、1.0%、1.5%、2.0% 和 2.5%,PVA 纤维体积掺量为 0.3%、0.6%、0.9%、1.2% 和 1.5%,聚羧酸减水剂掺量为 0、0.2%、0.4%、0.6%、0.8% 和 1.0% 的配合比,研究了纳米 SiO_2、PVA 纤维和聚羧酸减水剂掺量对水泥基复合材料流变特性、工作性能和立方体抗压性能的影响,总结如下:

①随着纳米 SiO_2 质量掺量增加,新拌水泥基复合材料静态屈服应力、动态屈服应力、塑性黏度、润滑层屈服应力和润滑层黏度呈现先减小后增大的趋势,少量的纳米 SiO_2 会改善新拌水泥基复合材料的流变性,纳米 SiO_2 最佳掺量为 0.5%。随着 PVA 纤维体

积掺量的增加,新拌水泥基复合材料的静态屈服应力、动态屈服应力、塑性黏度、润滑层屈服应力和润滑层黏度呈现逐渐增大的趋势,PVA 纤维会降低新拌水泥基复合材料的流变性。随着聚羧酸减水剂掺量的增加,新拌水泥基复合材料的静态屈服应力、动态屈服应力、塑性黏度、润滑层屈服应力和润滑层黏度逐渐减小,聚羧酸减水剂能够有效提高新拌水泥基复合材料的流变性。

②随着纳米 SiO_2 和 PVA 纤维掺量的增加,新拌水泥基复合材料的坍落扩展度逐渐减小,纳米 SiO_2 和 PVA 纤维掺量越大,坍落扩展度减低得越明显。随着聚羧酸减水剂掺量的增加,新拌水泥基复合材料的坍落扩展度逐渐增大。

③随着纳米 SiO_2 和 PVA 纤维掺量的增加,新拌水泥基复合材料的泌水率逐渐减小,纳米 SiO_2 较 PVA 纤维对水泥基复合材料泌水率降低的幅度更大。随着聚羧酸减水剂掺量的增加,新拌水泥基复合材料的泌水率逐渐增大。

④稠度仪试验结果表明,地聚合物砂浆具有触变性。随着纳米 SiO_2 质量掺量的增加,新拌水泥基复合材料锥入度先增大后减小,锥入度差 ΔH 先减小后增大。纳米 SiO_2 质量掺量为 1.0% 时,锥入度最大,锥入度差 ΔH 最小。随着 PVA 纤维体积掺量的增加,新拌水泥基复合材料锥入度逐渐减小,锥入度差 ΔH 逐渐增大。随着聚羧酸减水剂掺量的增加,锥入度逐渐增大,锥入度差 ΔH 逐渐减小。

⑤随着纳米 SiO_2 和 PVA 纤维掺量的增加,水泥基复合材料的抗压强度均呈现先增大后减小的趋势。纳米 SiO_2 和 PVA 纤维最佳掺量分别为 1.5% 和 0.6%。随着聚羧酸减水剂掺量增加,水泥基复合材料的立方体抗压强度略微减小。

⑥通过水泥基复合材料力学性能与流变性能拟合分析,在单掺纳米 SiO_2 或 PVA 纤维试验中,水泥基复合材料力学性能与流变性能呈现较好的三次项相关,在纳米 SiO_2 或 PVA 纤维复合作

用下,水泥基复合材料力学性能与流变性能相关性较差。

(2)对于水泥基复合材料中纳米 SiO_2 质量掺量为 1.0%、1.5%、2.0%、2.5%,PVA 纤维体积掺量为 0.3%、0.6%、0.9%、1.2%、1.5%的配合比,研究了纳米 SiO_2、PVA 纤维掺量对水泥基复合材料高温后立方体抗压力学性能、轴心抗压性能、劈裂抗拉性能和抗折性能的影响,总结如下:

①通过对 PVA 纤维和纳米 SiO_2 增强水泥基复合材料高温加热试验的观测得出,当加热温度升至 200 ℃左右时,高温电炉炉门处开始有少量水蒸气冒出,并散发着类似塑料烧焦的难闻气体,保持 200 ℃一定时间将有少量水滴渗出;当加热温度达到 300~400 ℃时,水蒸气明显增多;当加热温度升至 400 ℃左右时,将有大量浓烟冒出并伴随着刺鼻性气味,持续 15 min 后观察到浓烟冒出的速率在减慢,炉门口上沿有大量水珠;当炉内温度继续升高到 550 ℃以上时,水蒸气逐渐减少,直至水蒸气基本消散。

②PVA 纤维和纳米 SiO_2 增强水泥基复合材料的高温加热后各试块的颜色均随着温度的升高而逐渐变浅,且表观裂纹、掉皮、疏松等损伤程度愈加严重。当温度低于 300 ℃时,表观颜色与形貌和常温下相比无显著变化,均表现为混凝土色,此过程均未出现炸裂现象;400~600 ℃时,试件呈现黄褐色、暗灰色,有轻微酥松;800 ℃时试件颜色将变为灰白色,表面大量掉皮,出现龟裂,开裂严重且变得酥脆。

③PVA 纤维和纳米 SiO_2 增强水泥基复合材料各尺寸试件的质量损失随温度的升高不断增大,温度在 100~200 ℃时,质量损失增长较平缓,温度升至 200~400 ℃时,质量损失率增长速率明显增大,最大的损失率差值达到 10%左右,而 800 ℃时的水泥基复合材料试件的剩余质量仅为常温下质量的 78%左右。质量损失主要包括三个阶段,即常温至 400 ℃,自由水、吸附水、层间水、化学结晶水、孔隙水蒸发;400~600 ℃,$Ca(OH)_2$ 的分解及 C—S—H

凝胶胶结能力的丧失;大于 600 ℃时,碳酸盐开始分解,同时 C-S-H 凝胶还将进一步分解成 β 型硅酸二钙。

④通过观察 PVA-FRCC 和 NSRCC 试件的破坏形态得出,未掺 PVA 纤维的试件及所有 NSRCC 试件在常温下的破裂均表现为脆性特征,会听到"砰"的声音,碎块飞溅;随着纳米 SiO_2 掺量的增加,NSRCC 试件的完整度越好,同时随温度的升高,NSRCC 试件的完整性越差,疏松程度越严重。而掺加 PVA 纤维的试件在破坏时仍连在一起,完整性较好,且温度低于 200 ℃时均表现出延性破裂特征,但当温度超过 400 ℃后,由于 PVA 纤维的熔断,试件破坏时局部破坏严重,破坏时表现为脆性特征,温度达到 800 ℃,试件变得酥脆。

⑤高温后 PVA-FRCC 立方体抗压强度及相对立方体抗压强度均随温度的不断升高大致呈现下降的趋势,PVA-FRCC 试件受高温破坏的临界温度为 400 ℃。具体情况是,25～200 ℃,PVA-FRCC 高温后立方体抗压强度下降缓慢,几乎不变,相对立方体抗压强度在 95%左右。400 ℃时 PVA-FRCC 的立方体抗压强度较 300 ℃时有不同幅度的提高,各 PVA 纤维掺量下的增幅为 8%左右。300～600 ℃下降趋势显著,温度达到 800 ℃时 PVA-FRCC 的最小相对抗压强度仅为 26.9%,损失率达 70%以上。400 ℃时 PVA-FRCC 的立方体抗压强度有所提高,这是因为 400 ℃高温造成大量水分蒸发,水蒸气和温度的共同作用会使未水化水泥颗粒发生二次水化的作用效果。PVA-FRCC 试件喷水冷却后的立方体抗压强度的变化趋势与自然冷却下的变化趋势相同,且经喷水冷却后的立方体抗压强度均低于自然冷却下的抗压强度。

⑥高温后 PVA-FRCC 的轴心抗压强度和相对轴心抗压强度随温度的升高整体上呈现下降的趋势,且在 400 ℃之前下降较缓慢,400 ℃之后下降幅度增大,这与温度对立方体抗压强度的影响基本相近,唯一不同的是轴心抗压强度在 300 ℃时有小幅度的提

高。而 800 ℃时最大的相对轴心抗压强度为 50.4%,最小的相对轴心抗压强度仅为 27.4%,损失率高达 72.6%。PVA 纤维掺量对各温度高温后 PVA-FRCC 的轴心抗压强度和立方体抗压强度的影响相似,即在 400 ℃之前抗压强度随 PVA 纤维掺量的增加而逐渐变大,最佳掺量为 1.2%,而当温度升至 600 ℃、800 ℃时,各组试件的抗压强度随 PVA 纤维掺量的增加而逐渐降低。

⑦高温后 PVA-FRCC 试件的抗折强度随温度的升高呈现单调递减变化,与立方体抗压强度相同的是,室温至 300 ℃,抗折强度下降缓慢,与立方体抗压强度不同的是,400 ℃时抗折强度开始下降明显,温度在 600~800 ℃出现骤降,下降幅度明显高于 300~400 ℃,600 ℃时的相对抗折强度平均为 25.9%,最大的损失率已达 82.9%,原因是 400 ℃时虽发生了二次水化,使基体变得致密,同时也使基体的脆性增加,所以此时抗折强度开始明显下降。还得出 200 ℃高温后经喷水冷却方式下的抗折强度高于自然冷却下的抗折强度,而 400 ℃、600 ℃高温后经喷水冷却方式下试件的抗折强度低于自然冷却下的抗折强度。

⑧高温后 PVA-FRCC 的劈裂抗拉强度和相对劈裂抗拉强度都随温度的升高大体上呈现下降的趋势,高温破坏的临界温度是 300 ℃。低于 200 ℃时,下降较缓慢,300 ℃时劈裂抗拉强度有不同程度的提高,但仍低于室温。300~600 ℃时的劈裂抗拉强度下降速率明显增大,600 ℃时的相对劈裂抗拉强度最大损失率已达 67.9%,600~800 ℃时,强度仍继续下降,但速率变慢,800 ℃时的最大损失率为 72.2%。PVA 纤维掺量对各温度高温后 PVA-FRCC 的劈裂抗拉强度的影响和对立方体抗压强度的影响相似。

⑨高温后 NSRCC 抗压强度随温度的升高整体上呈现逐渐下降趋势。100 ℃时,NSRCC 试件的立方体抗压强度下降缓慢;300 ℃时,NSRCC 试件的立方体抗压强度下降明显,与常温相比,各组试件的相对抗压强度在 84%~88%,平均降幅 14.6%;400 ℃时,

NSRCC 试件的立方体抗压强度较 300 ℃有所提高。600 ℃高温后,各组试件的强度平均降幅 30%,最大的降幅达到 32.7%,而 800 ℃高温后,NSRCC 立方体抗压强度平均仅为常温下的 40%左右。纳米 SiO_2 质量掺量从 1%增加到 2.5%时,各温度下的立方体抗压强度均有所提高,呈现先增大后减小的趋势,在掺量为 1.0%时取得最大值。NSRCC 的轴心抗压强度随温度的升高而逐渐下降,在 300 ℃、400 ℃时有所回升,400 ℃之后下降显著,与立方体抗压强度的变化规律相似。

⑩高温后 NSRCC 劈裂抗拉强度随温度升高,有不同程度的降低,温度愈高,下降越明显。相比常温,200 ℃时各组试件的劈裂抗拉强度平均下降了 14%,400 ℃时,各组试件的劈裂抗拉强度下降明显,平均降低 20%,而 600 ℃时的劈裂抗拉强度出现骤降,平均为常温下的 48.5%,降幅最大的为 54.1%,800 ℃时劈裂抗拉强度仍继续下降,最大损失率接近 64%。骤降的原因是当温度大于 400 ℃时水分大量蒸发,C-S-H 凝胶分解,孔径增大,内部结构疏松。不同温度下的各组试件的劈裂抗拉强度随 NS 掺量的增加呈现先增大后减小的趋势,最佳掺量均为 1.0%。

⑪通过 SEM 微观形态观察,发现有火山灰活性的纳米 SiO_2 能有效改善基体孔隙,使 NSRCC 基体结构更致密、C-S-H 凝胶形成空间网状,因此改善了 NSRCC 的力学性能。经不同加热温度高温后,NSRCC 的微观结构逐渐恶化,虽损伤机制不太一致,但基本都是由水分蒸发、水化产物[碳酸盐、C-S-H 凝胶、$Ca(OH)_2$]分解造成的。

9.2　进一步研究的展望

(1)本书进行的系列研究分为两个配合比组进行,难以进行统一评价,进而给出一个最优掺量,因此需要进一步进行完整的系统试验。

（2）本书试验通过固定水胶比、粉煤灰掺量、砂率后，确定了试验配合比，研究了纳米 SiO_2 掺量和 PVA 纤维掺量对纳米 SiO_2 和 PVA 纤维增强水泥基复合材料流变特性及高温后力学性能的影响规律，而未考虑水胶比、粉煤灰掺量、砂率对纳米 SiO_2 和 PVA 纤维增强水泥基复合材料对以上性能的影响。

（3）本书进行的试验研究都是短期试验，缺乏纳米 SiO_2 掺量和 PVA 纤维掺量对混凝土早期性能和长期性能的影响规律的研究。

参考文献

[1] 蔡向荣,傅柏权,柯晓光,等.绿色环保型高韧性水泥基复合材料配合比优化研究[J].北方交通,2020(11):45-48,53.

[2] Xu F,Deng X,Peng C,et al. Mix design and flexural toughness of PVA fiber reinforced fly ash-geopolymer composites[J]. Construction and Building Materials,2017,150:179-189.

[3] 张茂花,谢发庭,张文悦. Cl⁻渗透和碱集料反应作用下纳米混凝土的耐久性[J].哈尔滨工业大学学报,2019,51(2):166-171.

[4] 高丹盈,赵亮平,陈刚.高温中纤维纳米混凝土单轴受压应力-应变关系[J].土木工程学报,2017,50:46-58.

[5] 周华.建筑物火灾后的诊断与处理[J].时代消防,2000(1):48-50.

[6] Bastami M,Baghbadrani M,Aslani F. Performance of nano-Silica modified high strength concrete at elevated temperatures[J]. Construction and Building Materials,2014,68(15):402-408.

[7] Colston S L,O'Connor D,Barnes P,et al. Functional micro-concrete:The incorporation of zeolites and inorganic nano-particles into cement micro-structures[J]. Journal of Materials ence Letters,2000,19(12):1085-1088.

[8] Paul S C,Rooyen A V,Van Zijl G P A G,et al. Properties of cement-based composites using nanoparticles:A comprehensive review[J]. Construction and Building Materials,2018,189(20):1019-1034.

[9] Feys D,De Schutter G,Khayat K H,et al. Changes in rheology of self-consolidating concrete induced by pumping[J]. Materials and Structures,2016,49(11):4657-4677.

[10] Aggarwal P,Singh R P,Aggarwal Y,et al. Use of nano-silica in cement based materials—A review[J]. Cogent Engineering,2015,2(1):1078018.

[11] L Senff,Labrincha J A,Ferreira V M,et al. Effect of nano-silica on rheology and fresh properties of cement pastes and mortars[J]. Construction and

Building Materials,2009,23(7):2487-2491.

[12] Senff L,Hotza D,Lu Ca S,et al. Effect of nano-SiO$_2$ and nano-TiO$_2$ addition on the rheological behavior and the hardened properties of cement mortars [J]. Materials Science and Engineering A,2012,532(Jan. 15):354-361.

[13] Ye Q,Zhang Z ,Kong D,et al. Influence of nano-SiO$_2$ addition on properties of hardened cement paste as compared with silica fume[J]. Construction and Building Materials,2007,21(3):539-545.

[14] Khaloo A,Mobini M H,Hosseini P. Influence of different types of nano-SiO$_2$ particles on properties of high-performance concrete[J]. Construction and Building Materials,2016,113(15):188-201.

[15] Senff L,Hotza D,Lu Ca S,et al. Effect of nano-SiO$_2$ and nano-TiO$_2$ addition on the rheological behavior and the hardened properties of cement mortars [J]. Materials Science and Engineering A,2012,532(15):354-361.

[16] Pourjavadi A,Fakoorpoor S M,Khaloo A,et al. Improving the performance of cement-based composites containing superabsorbent polymers by utilization of nano-SiO$_2$ particles[J]. Materials and Design,2012,42:94-101.

[17] Safi B,Aknouche H,Mechakra H,et al. Incorporation mode effect of Nano-silica on the rheological and mechanical properties of cementitious pastes and cement mortars[J]. Iop Conference,2018,143:012015.

[18] Wang X,Wang K,Tanesi J. Effects of Nanomaterials on the Hydration Kinetics and Rheology of Portland Cement Pastes[J]. Advances in Civil Engineering Materials,2014,3(2):0021.

[19] D Leonavičius,I Pundienė,Girskas G,et al. The effect of multi-walled carbon nanotubes on the rheological properties and hydration process of cement pastes[J]. Construction and Building Materials,2018,189:947-954.

[20] Floresvivian I,Pradoto R,Moini M,et al. The effect of SiO$_2$ nanoparticles derivedfrom hydrothermal solutions on the performance of Portland cement-based materials[J]. Frontiers of Structural and Civil Engineering,2017,11 (4):436-445.

[21] Jiang S,Shan B,Ouyang J,et al. Rheological properties of cementitious compositeswith nano/fiber fillers[J]. Construction and Building Materials,

2018,158:786-800.

[22] 付晔,李庆华,徐世烺. 纳米改性水泥基材料耐高温性能探讨[J]. 低温建筑技术,2014,36(5):10-12.

[23] 徐松杰. 纳米气凝胶改性水泥基材料耐高温性能试验研究及其应用[D]. 宁波:浙江大学,2017.

[24] 燕兰,邢永明. 纳米 SiO₂ 对钢纤维/混凝土高温后力学性能及微观结构的影响[J]. 复合材料学报,2013,30(3):133-141.

[25] Lim S. Effects of elevated temperature exposure on cement-based composite materials[D]. Urbana Champaign:University of Illinois,2015.

[26] Ibrahim R K,Hamid R,Taha M R. Fire resistance of high-volume fly ash mortars with nanosilica addition[J]. Construction and Building Materials, 2012,36(4):779-786.

[27] Bastami M,Baghbadrani M,Aslani F. Performance of nano-Silica modified high strength concrete at elevated temperatures[J]. Construction and Building Materials,2014,68:402-408.

[28] Farzadnia N,Ali A A A,Demirboga R. Characterization of high strength mortars with nano alumina at elevated temperatures[J]. Cement and Concrete Research,2013,54(3):43-54.

[29] A A N,B S A M,B T Y L. Mechanical performance, durability, qualitative and quantitative analysis of microstructure of fly ash and Metakaolin mortar at elevated temperatures[J]. Construction and Building Materials,2013,38 (1):338-347.

[30] Burak Felekoǧlu,Kamile Tosun,Bülent Baradan. Effects of fiber type and matrix structure on the mechanical performance of self-compacting micro-concrete composites[J]. Cement and Concrete Research,2009,39:1023-1032.

[31] Lin C,Kayali O,Morozov E V,et al. Influence of fibre type on flexural behaviour of self-compacting fibre reinforced cementitious composites[J]. Cement and Concrete Composites,2014,51:27-37.

[32] 张鹏,赵士坤,庚宏亮. 纳米 SiO₂ 和 PVA 纤维增强水泥基复合材料抗压强度研究[J]. 新型建筑材料,2017,44(12):94-97.

[33] Lin C, Kayali O, Morozov E V, et al. Influence of fibre type on flexural be-
haviour of self-compacting fibre reinforced cementitious composites[J]. Ce-
ment and Concrete Composites, 2014, 51:27-37.

[34] Zhang Yunsheng, Sun Wei. Impact properties of geopolymer based extrudates
incorporated with fly ash and PVA short fiber[J]. Construction and Build-
ing Materials, 2006, 22(3):370-383.

[35] J H Yu, V C Li. Research on production performance and fibre dispersion of
PVA engineering cementitious composites Mater. Sci[J]. Technol, 2009,
25:651-656.

[36] Bang Yeon Lee, Keun Kim, Yun Yong. Quantitative evaluation technique of
Polyvinyl Alcohol (PVA) fiber dispersion in engineered cementitious com-
posites[J]. Cement and Concrete Composites, 2009, 31(6):408-417.

[37] M Li, V C Li. Rheology fiber dispersion, and robust properties of Engi-
neered Cementitious Composites Mater[J]. Struct, 2013, 46:405-420.

[38] Wen S A, Mc A, Li L B. Establishment of fiber factor for rheological and me-
chanical performance of polyvinyl alcohol (PVA) fiber reinforced mortar
[J]. Construction and Building Materials, 2020, 265.

[39] Yap S P, Alengaram U J, Jumaat M Z. Enhancement of mechanical proper-
ties in polypropylene and fiber reinforced oil palm shell concrete[J]. Mate-
rials and Design, 2013, 49:1034-1041.

[40] Gencel O, Ozel C, Brostow W, et al. Mechanical properties of self-compac-
ting concrete reinforced with polypropylene fibres[J]. Material Research In-
novations, 2015, 15(3):216-225.

[41] D Saje, Branko Bandelj, Jože Lopatič. Shrinkage of Polypropylene Fiber-Re-
inforced High-Performance Concrete[J]. Journal of Materials in Civil Engi-
neering, 2011, 23(7):941-952.

[42] Mazaheripour H, Ghanbarpour S, Mirmoradi S H, et al. The effect of polypro-
pylene fibers on the properties of fresh and hardened lightweight self-com-
pacting concrete[J]. Construction and Building Materials, 2016, 25(1):
351-358.

[43] Zhang Peng, Li Qing-fu. Effect of polypropylene fiber on durability of con-

crete composite containing fly ash and silica fume[J]. Composites Part B Engineering,2013,45(1):1587-1594.

[44] 万新,唐杰斌,熊志武. 聚丙烯纤维掺量与长度对混凝土新拌性能的影响研究[J]. 广东建材,2020,36(5):6-9.

[45] Said S H ,Razak H A. The effect of synthetic polyethylene fiber on the strain hardening behavior of engineered cementitious composite (ECC)[J]. Materials and Design,2015, 86:447-457.

[46] N Pesic,Stana,et al. Mechanical properties of concrete reinforced with recycled HDPE plastic fibres[J]. Construction and Building Materials,2016, 115:362-370.

[47] Kamsuwan T,Amornsakchai T,Srikhirin T. Mechanical Behaviors of HDPE Fiber Reinforced Cement Mortar[J]. Advanced Materials Research,2013, 671-674.

[48] 田露丹,张径伟,董帅,等. PVA 纤维增韧水泥基复合材料高温后力学性能研究[J]. 混凝土,2011(12):31-33,48.

[49] 白文琦,吕晶,杜强,等. PVA 纤维增强型水泥基复合材料高温后力学性能试验[J]. 建筑科学与工程学报,2015,32(4):86-91.

[50] 王巍. 超高韧性水泥基复合材料热膨胀性能及导热性能的研究[D]. 大连:大连理工大学,2009.

[51] 李黎. 高温后多尺度纤维水泥基材料性能演化规律与微观机理[D]. 大连:大连理工大学,2019.

[52] Sahmaran M,Lachemi M,Li V C. Assessing Mechnical Properties and Microstructure of Fire-Damaged Engineered Cementitious Composites[J]. Aci Materials Journal,2010,107(3):297-304.

[53] Sahmaran,Mustafa,O zbay,et al. Effect of Fly Ash and PVA Fiber on Microstructural Damage and Residual Properties of Engineered Cementitious Composites Exposed to High Temperatures[J]. Journal of Materials in Civil Engineering,2011,23(12):1735-1745.

[54] Jiangtao Y,Wenfang W,Kequan Y. Effect of different cooling regimes on the mechanical properties of cementitious composites subjected to high temperatures[J]. The scientific world journal,2014:289213.

[55] Sanchayan S, Foster S J. High temperature behaviour of hybrid steel-PVA fibre reinforced reactive powder concrete[J]. Materials and Structures, 2016, 49(3): 769-782.

[56] Heo Y S, Sanjayan J G, Han C G, et al. Critical parameters of nylon and other fibres for spalling protection of high strength concrete in fire[J]. Materials and Structures, 2011, 44(3): 599-610.

[57] 中华人民共和国国家质量监督检验检疫总局. 混凝土外加剂: GB 8076—2008[S]. 北京: 中国标准出版社, 2008.

[58] 杨钱荣, 赵宗志, 张庆钊, 等. 若干因素对水泥砂浆流变性能的影响[J]. 建筑材料学报, 2019(4): 506-515.

[59] 李根深, 朱建平, 高戈, 等. 二维纳米材料对水泥基材料性能影响的研究进展[J]. 硅酸盐通报, 2018, 37(11): 93-99, 107.

[60] 张鹏, 赵士坤, 庾宏亮, 等. 纳米 SiO_2 和 PVA 纤维增强水泥基复合材料抗压强度研究[J]. 新型建筑材料, 2017, 44(12): 94-97.

[61] 杨晓, 赵蔚, 贾清秀, 等. 水泥基纤维复合材料研究进展[J]. 高分子通报, 2013(12): 21-30.

[62] 于婧, 翟天文, 梁兴文, 等. 钢-PVA 纤维混凝土流动性及力学性能研究[J]. 建筑材料学报, 2018, 21(3): 402-407.

[63] 张鹏, 李晨迪, 王娟. 纳米 SiO_2 和 PVA 纤维协同增强混凝土力学性能[J]. 公路, 2021, 66(2): 271-275.

[64] 中华人民共和国住房和城乡建设部. 普通混凝土拌合物性能试验方法标准: GB/T 50080—2016[S]. 北京: 中国建筑工业出版社, 2007.

[65] 胡胜飞, 李慧, 胡伟, 等. 触变性研究进展及应用综述[J]. 湖北工业大学学报, 2012, 27(2): 57-60.

[66] 李刊, 魏智强, 乔宏霞, 等. 纳米 SiO_2 改性聚合物水泥基复合材料早期微观结构及性能[J]. 复合材料学报, 2020, 37(9): 2272-2284.

[67] 中华人民共和国住房和城乡建设部. 建筑砂浆基本性能试验方法标准: JGJ/T 70—2009[S]. 北京: 中国建筑工业出版社, 2009.

[68] 李阳, 陈杰, 王飞, 等. 纳米二氧化硅对水泥砂浆性能的影响[J]. 混凝土, 2017(8): 116-119.

[69] 张海燕, 祁术亮, 曹亮. 地聚物净浆、砂浆和混凝土高温后力学性能比较

[J].防灾减灾工程学报,2015,35(1):11-16.

[70] M Ozawa,H Morimoto. Effects of various fibres on high-temperature spalling in high-performance concrete [J]. Construction and Building Materials, 2014,71:83-92.

[71] Ma Q,Guo R,Zhao Z,et al. Mechanical properties of concrete at high temperature-A review[J]. Construction and Building Materials,2015,93:371-383.

[72] 陈宗平,周济,王成,等.高温喷水冷却后方钢管再生混凝土短柱轴压性能试验研究[J]. 自然灾害学报,2020,29(1):28-40.

[73] 李疃,张晓东,刘华新,等.高温后玄武岩纤维混凝土力学性能试验研究[J].混凝土与水泥制品,2020(10):61-64.

[74] 朋改非,杨娟,石云兴.超高性能混凝土高温后残余力学性能试验研究[J].土木工程学报,2017,50(4):73-79.